全国二级建造师执业资格考试
考前最后 3 套卷（建筑全科）

全国二级建造师执业资格考试考前冲刺试卷编写委员会　编写

中国建筑工业出版社
中国城市出版社

图书在版编目（CIP）数据

全国二级建造师执业资格考试考前最后3套卷. 建筑全科 / 全国二级建造师执业资格考试考前冲刺试卷编写委员会编写. — 北京：中国城市出版社，2022.4
ISBN 978-7-5074-3471-2

Ⅰ. ①全… Ⅱ. ①全… Ⅲ. ①建筑工程－资格考试－习题集 Ⅳ. ①TU-44

中国版本图书馆 CIP 数据核字（2022）第 060516 号

责任编辑：冯江晓　牛　松
责任校对：张惠雯

全国二级建造师执业资格考试考前最后 3 套卷（建筑全科）
全国二级建造师执业资格考试考前冲刺试卷编写委员会　编写
*
中国建筑工业出版社、中国城市出版社 出版、发行（北京海淀三里河路 9 号）
各地新华书店、建筑书店经销
北京鸿文瀚海文化传媒有限公司制版
北京中科印刷有限公司印刷
*

开本：787 毫米×1092 毫米 1/16　印张：12 $\frac{3}{4}$　字数：318 千字
2022 年 4 月第一版　　2022 年 4 月第一次印刷
定价：98.00 元（含增值服务）
ISBN 978-7-5074-3471-2
（904480）

版权所有　翻印必究
如有印装质量问题，可寄本社图书出版中心退换
（邮政编码 100037）

前　　言

　　《全国二级建造师执业资格考试考前最后3套卷（建筑全科）》中的每套试卷均由编者根据考前培训经验以及对历年命题方向和命题规律的研究，严格按照现行"考试大纲"的要求，依据"考试用书"的知识内容，以最新考试要求为导向，对考点变化、考查角度、考试重点、题型设计进行了全面的评价和预测，淘金式精选优秀试题，参考历年试题分值的分布精心编写。

　　《全国二级建造师执业资格考试考前最后3套卷（建筑全科）》的学习价值在于：

　　把握试题之源——编者紧扣二级建造师执业资格考试的"考试大纲"和"考试用书"，围绕核心知识，寻找命题采分点，分析试题的题型、命题规律和考试重点，精心组织题目，为编写出精品试题奠定基础。

　　选题精全新准——编者经过分析二级建造师执业资格考试最近几年的考题，总结出了命题规律，提炼了考核要点，不仅保留了近年来常考、典型、重点题目，又编写了50%的原创新题，做到了题题经典、题题精练。希望能以此抛砖引玉，引导考生思维。

　　优化设计试卷——考前最后3套卷中的每套题的题型、题量、分值分布、难易程度均与二级建造师执业资格考试的标准试卷趋于一致，充分重视考查考生运用所学知识分析问题、解决问题的能力，注重试题的综合性，积极引导考生对所学知识做适当的重组和整合，考查对知识体系的整体把握能力，让考生逐步提升"考感"，轻轻松松应对考试。

　　提升应试能力——编者精选的考前最后3套卷顺应了二级建造师执业资格考试的命题趋向和变化，帮助考生准确地把握考试命题趋势，抓住考试的核心内容，引导考生进行科学、高效的学习，学会各种类型题目的解题方法，从而提高考生的理解能力和综合运用能力，轻而易举地取得高分。

　　愿我们的努力能够助你顺利通过考试！祝愿你们取得好的成绩！

目　录

《建设工程施工管理》考前第 1 套卷及解析

《建设工程施工管理》考前第 2 套卷及解析

《建设工程施工管理》考前第 3 套卷及解析

《建设工程法规及相关知识》考前第 1 套卷及解析

《建设工程法规及相关知识》考前第 2 套卷及解析

《建设工程法规及相关知识》考前第 3 套卷及解析

《建筑工程管理与实务》考前第 1 套卷及解析

《建筑工程管理与实务》考前第 2 套卷及解析

《建筑工程管理与实务》考前第 3 套卷及解析

《建设工程施工管理》
考前第 1 套卷及解析

《建设工程施工管理》考前第1套卷

一、单项选择题（共70题，每题1分。每题的备选项中，只有1个最符合题意）

1. 关于施工方项目管理目标和任务的说法，正确的是（   ）。
   A．施工方项目管理仅服务于施工方本身的利益
   B．施工方项目管理不涉及动用前准备阶段
   C．施工方项目管理的任务包括与施工有关的组织与协调
   D．施工方仅仅是建设项目总承包的施工任务执行方

2. 下列组织工具中，反映一个组织系统各项工作之间逻辑关系的是（   ）。
   A．工作流程图   B．组织结构图
   C．项目结构图   D．组织分工图

3. 编制项目管理工作任务分工表，首先要做的工作是（   ）。
   A．进行项目管理任务的详细分解   B．绘制工作流程图
   C．明确项目管理工作部门的工作任务 D．确定项目组织结构

4. 下列工作流程组织中，属于管理工作流程组织的是（   ）。
   A．基坑开挖施工流程   B．设计变更工作流程
   C．装配式构件深化设计流程   D．房屋装修施工流程

5. 某公司在承接了一高校游泳馆项目后，开始编制该工程的施工组织总设计，在拟订施工方案前，尚需完成的工作是（   ）。
   A．编制施工准备工作计划   B．编制施工投标工作计划
   C．调查研究与收集资料   D．计算主要技术经济指标

6. 某工程施工检查发现外墙面砖质量不合格，经调查发现是供应商的供货质量问题，项目部决定更换供应商。该措施属于项目目标控制的（   ）。
   A．管理措施   B．组织措施
   C．经济措施   D．技术措施

7. 根据《建设工程施工合同（示范文本）》GF—2017—0201，承包人应在首次收到发包人要求更换项目经理的书面通知后（   ）天内向发包人提出书面改进报告。
   A．28   B．21
   C．14   D．7

8. 根据《建设工程项目管理规范》GB/T 50326—2017，项目管理机构负责人的职责包括（   ）。
   A．参与组建项目管理机构   B．主持编制项目管理目标责任书
   C．对各类资源进行质量监控和动态管理 D．确定项目管理实施目标

9. 下列施工风险管理工作中，属于风险应对的是（   ）。
   A．收集与项目风险有关的信息   B．监控可能发生的风险并提出预警
   C．确定各种风险的风险量和风险等级 D．向保险公司投保难以控制的风险

10. 工程监理人员在实施监理过程中，发现工程设计不符合建筑工程质量标准或合同约定的质量要求时，应当采取的措施是（　　）。
   A．报告建设单位要求设计单位改正　　B．直接与设计单位确认修改工程设计
   C．要求设计单位改正并报告建设单位　　D．要求施工单位报告设计单位改正

11. 根据《建筑安装工程费用项目组成》，建筑安装工程生产工人的高温作业临时津贴应计入（　　）。
   A．劳动保护费　　B．人工费
   C．规费　　D．企业管理费

12. 某施工机械预算价格为200万元，预计可使用10年，每年平均工作250个台班，预计净残值40万元。按工作量法计算折旧，则该机械台班折旧费为（　　）万元。
   A．0.8　　B．0.64
   C．0.08　　D．0.064

13. 某施工企业编制砌砖墙人工定额，该企业有近5年同类工程的施工工时消耗资料，则制定人工定额适合选用的方法是（　　）。
   A．技术测定法　　B．比较类推法
   C．统计分析法　　D．经验估计法

14. 根据《建设工程工程量清单计价规范》GB 50500—2013，施工企业综合单价的计算有以下工作：①确定组合定额子目并计算各子目工程量；②确定人、料、机单价；③测算人、料、机的数量；④计算清单项目的综合单价；⑤计算清单项目的管理费和利润；⑥计算清单项目的人、料、机总费用。正确的步骤是（　　）。
   A．①—③—②—⑥—⑤—④　　B．②—③—①—⑤—⑥—④
   C．③—①—②—⑥—⑤—④　　D．①—③—②—④—⑥—⑤

15. 根据《建设工程工程量清单计价规范》GB 50500—2013，下列项目中，不得作为竞争性费用的是（　　）。
   A．安全文明施工费、二次搬运费和税金　　B．安全文明施工费、规费和税金
   C．社会保险费、计日工和总承包服务费　　D．暂列金额、规费和安全文明施工费

16. 下列工程事项发生时，发包人应予计量的是（　　）。
   A．承包人自行增建的临时工程工程量
   B．因监理人抽查不合格返工增加的工程量
   C．承包人修复因不可抗力损坏工程增加的工程量
   D．承包人自检不合格返工增加的工程量

17. 根据《建设工程工程量清单计价规范》GB 50500—2013，对于实行招标的建设工程，以投标截止日前（　　）天作为基准日。
   A．28　　B．30
   C．35　　D．42

18. 某土方工程招标文件中清单工程量为3000m³，合同约定：土方工程综合单价为80元/m³，当实际工程量增加15%以上时，增加部分的工程量综合单价为72元/m³。工程结束时实际完成并经发包人确认的土方工程量为3600m³，则该土方工程价款为（　　）元。
   A．259200　　B．286800
   C．283200　　D．288000

19. 根据《建设工程工程量清单计价规范》GB 50500—2013，签约合同中的暂估材料在确定单价以后，其相应项目综合单价的处理方式是（　　）。
   A．在综合单价中用确定单价代替原暂估价，并调整企业管理费，不调整利润
   B．在综合单价中用确定单价代替原暂估价，并调整企业管理费和利润
   C．综合单价不做调整
   D．在综合单价中用确定单价代替原暂估价，不再调整企业管理费和利润

20. 根据《建设工程工程量清单计价规范》GB 50500—2013，关于暂列金额的说法，正确的是（　　）。
   A．暂列金额应由投标人根据招标工程量清单列出的内容和要求估算
   B．暂列金额应包括在签约合同价中，属承包人所有
   C．暂列金额不能用于施工中发生的工程变更的费用支付
   D．暂列金额可用于施工过程中索赔、现场签证确认的费用支付

21. 对某招标工程进行报价分析，在不考虑安全文明施工费的前提下，承包人中标价为1500万元，最高投标限价为1600万元，设计院编制的施工图预算为1550万元，承包人认为的合理报价值为1540万元，则承包人的报价浮动率是（　　）。
   A．0.65%　　　　　　　　　　B．6.25%
   C．93.75%　　　　　　　　　D．96.25%

22. 根据《保障农民工工资支付条例》，建设单位与施工总承包单位依法订立书面工程施工合同，人工费拨付周期，约定并按照农民工工资按时足额支付的要求约定人工费用。人工费用拨付周期不得超过（　　）日。
   A．60　　　　　　　　　　　　B．30
   C．90　　　　　　　　　　　　D．120

23. 根据《建设工程施工合同（示范文本）》GF—2017—0201，质量保证金扣留的方式原则上采用（　　）。
   A．在支付工程进度款时逐次扣留　　B．工程竣工结算时一次性扣留
   C．按照里程碑扣留　　　　　　　　D．签订合同后一次性扣留

24. 施工成本分析是在（　　）的基础上，对成本的形成过程和影响因素进行分析。
   A．成本计划　　　　　　　　　　B．成本预测
   C．成本核算　　　　　　　　　　D．成本考核

25. 绘制时间—成本累积曲线的步骤中，紧接"计算规定时间 t 计划累计支出的成本额"之后的工作是（　　）。
   A．计算单位时间的成本
   B．在时标网络图上，按时间编制成本支出计划
   C．确定工程项目进度计划，编制进度计划的横道图
   D．绘制 S 形曲线

26. 关于施工成本控制的说法，正确的是（　　）。
   A．施工成本管理体系由社会有关组织进行评审和认证
   B．要做好施工成本的过程控制，必须制定规范化的过程控制程序
   C．管理行为控制程序是进行成本过程控制的重点
   D．管理行为控制程序和指标控制程序是相互独立的

27. 某项目施工成本数据见下表，根据差额计算法，成本降低率提高对成本降低额的影响程度为（ ）万元。

项目	单位	计划	实际	差额
成本	万元	220	240	20
成本降低率	%	3	3.5	0.5
成本降低额	万元	6.6	8.4	1.8

　A．0.6　　　　　　　　　　　　　　B．0.7
　C．1.1　　　　　　　　　　　　　　D．1.2

28. 单位工程竣工成本分析的内容不包括（ ）。
　A．竣工成本分析　　　　　　　　　B．主要资源节超对比分析
　C．成本总量构成比例分析　　　　　D．主要技术节约措施及经济效果分析

29. 关于建设工程项目总进度目标论证的说法，正确的是（ ）。
　A．总进度目标论证应涉及工程实施的条件分析及工程实施策划
　B．总进度目标论证就是论证施工进度目标实现的可能性
　C．已编制总进度规划的项目，可以不进行总进度目标论证
　D．总进度目标论证时，应论证项目动用后的工作进度

30. 下列施工进度计划中，属于实施性施工进度计划的是（ ）。
　A．施工总进度计划　　　　　　　　B．单体工程施工进度计划
　C．项目年度施工计划　　　　　　　D．项目月度施工计划

31. 关于横道图进度计划特点的说法，正确的是（ ）。
　A．可以识别计划的关键工作　　　　B．不能表达工作逻辑关系
　C．调整计划的工作量较大　　　　　D．可以计算工作时差

32. 某工程双代号网络计划如下图所示，工作G的自由时差和总时差分别是（ ）。

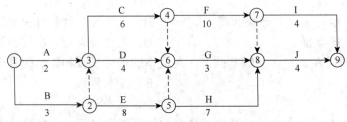

　A．0和4　　　　　　　　　　　　　B．4和4
　C．5和5　　　　　　　　　　　　　D．5和6

33. 某工作有两项紧前工作，最早完成时间分别是第2天和第4天，该工作持续时间是5天，则其最早完成时间是第（ ）天。
　A．7　　　　　　　　　　　　　　　B．11
　C．6　　　　　　　　　　　　　　　D．9

34. 工程网络计划中，关键工作是指（ ）的工作。
　A．自由时差为零　　　　　　　　　B．持续时间最长
　C．总时差最小　　　　　　　　　　D．与后续工作的时间间隔为零

35. 某双代号网络计划中，工作A有两项紧后工作B和C，工作B和工作C的最早开始时间分别为第13天和第15天，最迟开始时间分别为第19天和第21天；工作A

与工作 B 和工作 C 的间隔时间分别为 0 天和 2 天。如果工作 A 实际进度拖延 7 天，则（　　）。

A．对工期没有影响　　　　　　　　B．总工期延长 2 天

C．总工期延长 3 天　　　　　　　　D．总工期延长 1 天

36．影响施工质量的环境因素是（　　）。

　　A．施工现场自然环境、施工作业环境和技术环境

　　B．施工现场自然环境、技术环境和施工质量管理环境

　　C．施工现场自然环境、施工作业环境和施工质量管理环境

　　D．施工作业环境、技术环境和施工质量管理环境

37．根据施工质量控制的特点，施工质量控制应（　　）。

　　A．加强对施工过程的质量检查　　　B．解体检查内在质量

　　C．建立固定的生产流水线　　　　　D．加强观感质量验收

38．下列施工质量保证体系的内容中，属于工作保证体系的是（　　）。

　　A．建立健全各级质量管理组织，分工负责

　　B．成立质量管理小组

　　C．建立工程测量控制网和测量控制制度

　　D．明确规定各职能部门主管人员

39．在施工质量控制的基本环节中，事中质量控制包括（　　）。

　　A．对质量活动结果的评价、认定

　　B．对质量偏差的纠正

　　C．分析可能导致质量问题的因素并制定预防措施

　　D．对质量活动的行为约束和对质量活动过程和结果的监督控制

40．实测法用于施工现场的质量检查，可以概括为"靠、量、吊、套"。对混凝土坍落度的检测，通常采用的手段是（　　）。

　　A．靠　　　　　　　　　　　　　B．量

　　C．吊　　　　　　　　　　　　　D．套

41．施工承包企业应对建设单位提供的原始坐标点、基准线和水准点等测量控制点进行复核，并将复测结果上报（　　）审批，批准后才能建立施工测量控制网。

　　A．项目技术负责人　　　　　　　B．企业技术负责人

　　C．业主　　　　　　　　　　　　D．监理工程师

42．对检验批基本质量起决定性作用的主控项目，必须全部符合有关（　　）的规定。

　　A．检验技术规程　　　　　　　　B．专业工程验收规范

　　C．统一验收标准　　　　　　　　D．工程监理规范

43．对于严重的缺陷或者超出检验批的更大范围内的缺陷，可按技术处理方案和协商文件进行检验的前提是（　　）。

　　A．不改变结构的外形尺寸　　　　B．不造成永久性缺陷

　　C．不影响主要功能和正常使用寿命　D．不影响安全和主要使用功能

44．工程施工过程中发生质量事故造成 8 人死亡，50 人重伤，6000 万元直接经济损失，该事故等级属于（　　）。

　　A．一般事故　　　　　　　　　　B．较大事故

C．重大事故 D．特别重大事故

45．下列引发工程质量事故的原因，属于技术原因的是（　　）。
A．结构设计计算错误 B．检验制度不严密
C．检测设备配备不齐 D．监理人员不到位

46．施工质量事故的调查处理程序包括：①事故调查；②事故的原因分析；③事故处理；④事故处理的鉴定验收；⑤制定事故处理的技术方案。正确的程序是（　　）。
A．②→①→③→④→⑤ B．①→②→⑤→③→④
C．①→②→③→④→⑤ D．④→②→⑤→①→③

47．某基础混凝土试块强度值不满足设计要求，但经法定检测单位对混凝土实体强度进行实际检测后，其实际强度达到规范允许和设计要求值。正确的处理方式是（　　）。
A．不作处理 B．修补
C．返工 D．加固

48．在工程项目开工前，建设工程质量监督机构在施工现场召开监督会议，公布监督方案，提出监督要求，并进行第一次监督检查工作，其监督检查的重点是（　　）。
A．工程质量控制资料的完成情况 B．特殊工种作业人员的操作技能
C．分部分项工程实体的施工质量 D．参与工程建设的各方主体的质量行为

49．根据《职业健康安全管理体系 要求及使用指南》GB/T 45001—2020，属于"运行"部分的内容是（　　）。
A．危险源辨识 B．理解组织及其所处的环境
C．应急准备和响应 D．管理评审

50．作业文件是职业健康安全与环境管理体系文件的组成之一，其内容包括（　　）。
A．管理手册、管理规定、监测活动准则及程序文件
B．操作规程、管理规定、监测活动准则及管理手册
C．操作规程、管理规定、监测活动准则及程序文件引用的表格
D．操作规程、管理规定、监测活动准则及程序文件

51．根据《安全生产许可证条例》，施工企业安全生产许可证（　　）。
A．有效期为2年
B．有效期届满时经同意可以不再审查
C．要求企业获得职业健康安全管理体系认证
D．应在届满后3个月内办理延期手续

52．关于某起重信号工病休7个月后重返工作岗位的说法，正确的是（　　）。
A．应重新进行安全技术理论学习，经确认合格后上岗作业
B．应重新进行实际操作考试，经确认合格后上岗作业
C．应在从业所在地考核发证机关申请备案后上岗作业
D．应重新进行安全技术理论学习、实际操作考试，经确认合格后上岗作业

53．下列分部分项工程中，应当组织专家论证、审查专项施工方案的是（　　）。
A．拆除工程 B．起重吊装工程
C．地下暗挖工程 D．爆炸工程

54．根据工伤保险和社会保险相关法律规定，由建筑施工企业自主决定是否投保的险种是（　　）。
A．失业保险 B．医疗保险

C．意外伤害保险　　　　　　　　　D．养老保险

55. 施工生产安全事故应急预案中，针对深基坑开挖可能发生的事故，相关危险源和应急保障而制定的计划属于（　　）。
    A．综合应急预案　　　　　　　　B．现场处置方案
    C．现场应急预案　　　　　　　　D．专项应急预案

56. 关于按规定向有关部门报告建设工程安全事故情况的说法，正确的是（　　）。
    A．事故发生后，事故现场有关人员应当于1小时内向本单位安全负责人报告
    B．任何情况下，事故现场有关人员必须逐级上报事故情况
    C．特别重大事故、重大事故逐级上报至国务院建设主管部门
    D．建设主管部门每级上报的时间不得超过4小时

57. 关于施工过程水污染措施的说法，正确的是（　　）。
    A．现场水磨石作业产生的污水随地排放
    B．对于现场气焊用的乙炔发生罐产生的污水严禁随地倾倒，要求专用容器集中存放，并倒入沉淀池处理
    C．用餐200人以上的食堂产生的污水直接排入市政污水管网
    D．油漆与其他材料混放在一起

58. 与施工总承包模式相比，施工总承包管理模式具有的优势是（　　）。
    A．业主方招标及合同管理工作量小　　B．工程款项支付便捷
    C．缩短建设周期　　　　　　　　　　D．简化管理流程

59. 关于正式投标的说法，正确的是（　　）。
    A．通常投标文件中需要提交投标担保
    B．投标文件在对招标文件的实质性要求作出响应后，可另外提出新的要求
    C．投标书只需要盖有投标企业公章或企业法定代表人名章
    D．投标书可由项目所在地的企业项目经理部组织投标，不需要授权委托书

60. 根据《标准施工招标文件》通用合同条款，发包人在收到承包人竣工验收申请报告（　　）天后未进行验收的，视为验收合格。
    A．14　　　　　　　　　　　　　　B．28
    C．42　　　　　　　　　　　　　　D．56

61. 根据《建设工程施工专业分包合同（示范文本）》GF—2003—0213，关于专业工程分包人责任和义务的说法，正确的是（　　）。
    A．分包人应允许发包人授权的人员在工作时间内合理进入分包工程施工场地
    B．分包人必须服从发包人直接发出的指令
    C．遵守政府有关主管部门的管理规定但不用办理有关手续
    D．分包人可以直接与发包人或工程师发生直接工作联系

62. 根据《建设工程施工劳务分包合同（示范文本）》GF—2003—0214，从事危险作业职工的意外伤害保险应由（　　）办理。
    A．发包人　　　　　　　　　　　　B．施工承包人
    C．专业分包人　　　　　　　　　　D．劳务分包人

63. 某按单价合同进行计价的招标工程，在评标过程中发现某投标人的总价与单价的计算结果不一致，原因是投标人在计算时将钢材单价3000元/t误作为2000元/t。对此，业

主有权（　　）。
   A．以总价为准调整单价　　　　　　B．以单价为准调整总价
   C．要求投标人重新提交钢材单价　　D．将该投标文件作废标处理

64．与单价合同相比较，总价合同的特点是（　　）。
   A．在施工进度上能调动承包人的积极性　B．发包人的协调工作量大
   C．发包人可以缩短招标准备时间　　　　D．承包人的风险较小

65．根据《标准施工招标文件》，当合同履行期间出现工程变更时，该变更在已标价的工程量清单中无相同项目及类似项目单价参考的，其变更估价正确的方式是（　　）。
   A．按照直接成本加适当利润的原则，由发包人确定变更单价
   B．按照直接成本加管理费的原则，由合同当事人协商确定变更工作的单价
   C．按照合理的成本加利润的原则，由监理人按总监理工程师与合同当事人协商确定变更工作的单价
   D．根据合理的成本加适当利润的原则，由监理人确定新的变更单价

66．施工合同索赔成立的条件之一是：造成承包商费用增加或工期损失的原因，按合同约定（　　）。
   A．不属于发包人的合同责任或风险责任　B．不属于承包人的行为责任或风险责任
   C．属于承包人可预见的不利外界条件　　D．属于承包人的风险

67．下列财产损失和人身伤害事件中，属于第三者责任险赔偿范围的是（　　）。
   A．项目承包商在施工工地的财产损失
   B．项目承包商职工在施工工地的人身伤害
   C．项目法人外聘员工在施工工地的人身伤害
   D．项目法人、承包商以外的第三人因施工原因造成的财产损失

68．用于保证承包人能够按合同规定进行施工，合理使用发包人已支付的全部预付金额的工程担保是（　　）。
   A．支付担保　　B．预付款担保
   C．投标担保　　D．履约担保

69．下列工程项目管理工作中，属于信息管理部门工作任务的是（　　）。
   A．工程质量管理　　B．工程安全管理
   C．工程档案管理　　D．工程进度管理

70．下列施工文件档案资料中，属于工程质量控制资料的是（　　）。
   A．施工测量放线报验表　　B．施工记录文件
   C．竣工验收证明书　　　　D．交接检查记录

二、多项选择题（共25题，每题2分。每题的备选项中，有2个或2个以上符合题意，至少有1个错项。错选，本题不得分；少选，所选的每个选项得0.5分）

71．关于工作任务分工和管理职能分工的说法，正确的有（　　）。
   A．在项目实施的全过程中，应视具体情况对工作任务分工表进行调整
   B．编制工作任务分工表前应对项目实施各阶段的具体管理工作进行详细分解
   C．管理职能是由管理过程的多个环节组成
   D．项目各参与方应编制统一的工作任务分工表和管理职能分工表
   E．管理职能分工表既可用于项目管理，也可用于企业管理

72. 分部（分项）工程施工组织设计的主要内容有（   ）。
    A．建设项目的工程概况   B．施工方法的选择
    C．施工机械的选择   D．劳动力需求量计划
    E．安全施工措施

73. 下列建设工程施工风险中，属于经济与管理风险的有（   ）。
    A．事故防范措施和计划   B．工程施工方案
    C．现场与公用防火设施的可用性   D．承包方管理人员的能力
    E．引起火灾和爆炸的因素

74. 建设工程项目施工准备阶段，建设监理工作的主要任务有（   ）。
    A．审查分包单位资质条件   B．审查施工组织设计
    C．审查工程开工条件   D．签署单位工程质量评定表
    E．审批一般单项工程和单位工程的开工报告

75. 下列费用项目中，属于施工企业管理费的是（   ）。
    A．生产工人津贴   B．总承包服务费
    C．劳动保护费   D．已完工程保护费
    E．工具用具使用费

76. 建设工程采用工程量清单招标模式时，关于投标报价的说法，正确的有（   ）。
    A．投标人应以施工方案、技术措施等作为投标报价计算的基本条件
    B．投标报价不得低于工程成本
    C．招标工程量清单的工程数量与施工图纸不完全一致时，应按照招标人提供的清单工程量填报投标价格
    D．投标报价只能由投标人编制，不能委托造价咨询机构编制
    E．投标报价应以招标文件中设定的发承包责任划分，作为设定投标报价费用项目和费用计算的基础

77. 下列建设工程项目施工成本费用中，属于间接成本的有（   ）。
    A．管理人员工资   B．差旅交通费
    C．机械费   D．人工费
    E．办公费

78. 关于成本核算方法的说法，正确的有（   ）。
    A．项目财务部门一般采用表格核算法
    B．表格核算法精度不高，实用性较差
    C．会计核算法对工程项目内各岗位成本的责任核算比较实用
    D．会计核算法科学严密，覆盖面较大
    E．表格核算法简便易懂，方便操作

79. 建设工程项目总进度目标论证时，在进行项目的工作编码前应完成的工作有（   ）。
    A．编制各层进度计划   B．协调各层进度计划的关系
    C．调查研究和收集资料   D．进度计划系统的结构分析
    E．项目结构分析

80. 编制控制性施工进度计划的主要目的有（   ）。
    A．对施工承包合同所规定的施工进度目标进行再论证

B．分解承包合同规定的进度目标
C．确定为实现进度目标的里程碑事件的进度目标
D．确定承包合同目标工期
E．划分各作业班组进度控制的责任

81．某工程双代号网络计划如下图所示，其关键线路有（　　）。

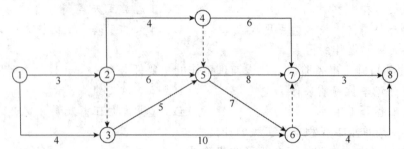

A．①→②→⑤→⑦→⑧
B．①→②→⑤→⑥→⑧
C．①→③→⑤→⑦→⑧
D．①→③→⑤→⑥→⑧
E．①→②→④→⑤→⑦→⑧

82．施工进度计划检查后，应编制进度报告，其内容有（　　）。
A．进度计划实施情况的综合描述
B．前一次进度计划检查提出问题的整改情况
C．实际工程进度与计划进度的比较
D．进度计划在实施过程中存在的问题及其原因分析
E．进度的预测

83．下列施工进度控制措施中，属于经济措施的有（　　）。
A．按时支付工程款项
B．编制进度控制工作流程
C．设立提前完工奖
D．选用恰当的承发包形式
E．拖延完工予以处罚

84．质量手册是阐明一个企业的质量政策、质量体系和质量实践的文件，其内容包括（　　）。
A．企业的质量方针和目标
B．质量手册的发行数量
C．体系基本控制程序
D．质量评审、修改和控制管理办法
E．质量标准和规章制度

85．根据《建筑工程施工质量验收统一标准》GB 50300—2013，分部工程质量验收合格的条件有（　　）。
A．主控项目的质量均应验收合格
B．所含主要分项工程的质量验收合格
C．有关环境保护抽样检验结果符合规定
D．观感质量应符合要求
E．质量控制资料应完整

86．下列可能导致施工质量事故发生的原因中，属于违背基本建设程序的有（　　）。
A．边设计边施工
B．无开工许可、无资质
C．质量控制不严格
D．越级施工
E．技术交底不清

87. 政府施工质量监督管理的内容主要有（   ）。
    A．监督检查参建各方主体的质量行为　　B．监督检查工程实体的施工质量
    C．评定工程质量等级　　　　　　　　　D．监督检查施工合同履行情况
    E．监督工程质量验收

88. 关于从事危险化学品特种作业人员条件的说法，正确的有（   ）。
    A．高中或者相当于高中及以上文化程度
    B．取得操作证后准许独立作业
    C．技能熟练后操作证可以不复审
    D．年满 18 周岁，且不超过国家法定退休年龄
    E．具备必要的安全技术知识与技能

89. 应当及时修订生产安全事故应急预案的情形有（   ）。
    A．重要应急资源发生重大变化　　　　　B．面临的事故风险发生重大变化
    C．编制人员构成发生重大变化　　　　　D．应急演练中发现问题需要修订
    E．依据的上位预案中的有关规定发生重大变化

90. 根据《生产安全事故报告和调查处理条例》，事故调查报告的内容主要有（   ）。
    A．事故发生单位概况　　　　　　　　　B．事故发生经过和事故援救情况
    C．事故造成的人员伤亡和直接经济损失　D．事故责任者的处理结果
    E．事故发生的原因和事故性质

91. 根据《生产安全事故报告和调查处理条例》，生产安全事故报告和调查处理过程中，对事故发生单位处 100 万元以上 500 万元以下罚款的情形有（   ）。
    A．在事故调查处理期间擅离职守　　　　B．谎报或者瞒报事故
    C．销毁有关证据、资料　　　　　　　　D．事故发生后逃匿
    E．阻碍、干涉事故调查工作

92. 建设工程施工招投标程序中，评标阶段初步评审环节重点审查内容有（   ）。
    A．标书的计价方式　　　　　　　　　　B．投标担保的有效性
    C．报价计算的正确性　　　　　　　　　D．报价的构成和取费标准
    E．投标文件完整性审查

93. 根据《建设工程施工劳务分包合同（示范文本）》GF—2003—0214，属于承包人工作的有（   ）。
    A．负责编制施工组织设计　　　　　　　B．科学安排作业计划
    C．组织编制年、季、月施工计划　　　　D．负责工程测量定位
    E．负责与监理、设计及有关部门联系

94. 根据《标准施工招标文件》，关于承包人索赔的说法，正确的有（   ）。
    A．承包人应在发出索赔意向通知书 28 天后，向监理人正式递交索赔报告
    B．承包人应在知道或应当知道索赔事件发生后 28 天内，向监理人递交索赔意向通知书
    C．在索赔事件影响结束后的 14 天内，承包人应向监理人递交最终索赔通知书
    D．按工程师要求间隔提交中间索赔报告，干扰事件影响结束后 42 天内提交最终索赔报告
    E．具有持续影响的索赔事件，承包人应按合理时间间隔持续递交延续索赔通知

95. 关于工程保险的说法，正确的有（　　）。

　　A．国内工程通常由项目法人办理工程一切险

　　B．承包人设备保险的保险范围包括准备用于永久工程的设备

　　C．国内工程开工前均要集中投保工程一切险

　　D．工程一切险要求投保人以项目法人的名义投保

　　E．第三者责任险一般附加在工程一切险中

考前第 1 套卷参考答案及解析

一、单项选择题

1. C	2. A	3. A	4. B	5. C
6. B	7. C	8. C	9. D	10. A
11. B	12. D	13. C	14. A	15. B
16. C	17. A	18. B	19. C	20. D
21. B	22. B	23. A	24. C	25. C
26. B	27. D	28. C	29. A	30. D
31. C	32. C	33. D	34. C	35. D
36. C	37. A	38. C	39. D	40. B
41. D	42. B	43. D	44. C	45. A
46. B	47. A	48. D	49. C	50. C
51. B	52. B	53. C	54. C	55. D
56. C	57. B	58. C	59. A	60. D
61. A	62. D	63. B	64. A	65. C
66. B	67. D	68. B	69. C	70. D

【解析】

1. C。施工方项目管理不仅服务于施工方本身的利益，也必须服务于项目的整体利益。故 A 选项错误。施工方的项目管理涉及设计准备阶段、设计阶段、动用前准备阶段和保修期。故 B 选项错误。施工方项目管理的任务包括施工安全管理、施工成本控制、施工进度控制、施工质量控制、施工合同管理、施工信息管理、与施工有关的组织与协调。故 C 选项正确。施工方是承担施工任务的单位的总称谓，它可能是施工总承包方、施工总承包管理方、分包施工方、建设项目总承包的施工任务执行方或仅仅提供施工劳务的参与方。故 D 选项错误。

2. A。工作流程图用图的形式反映一个组织系统中各项工作之间的逻辑关系。

3. A。在编制项目管理任务分工表前，应结合项目的特点，对项目实施的各阶段的费用（投资或成本）控制、进度控制、质量控制、合同管理、信息管理和组织与协调等管理任务进行详细分解。在项目管理任务分解的基础上，明确项目经理和费用（投资或成本）控制、进度控制、质量控制、合同管理、信息管理和组织与协调等主管工作部门或主管人员的工作任务，从而编制工作任务分工表。

4. B。管理工作流程组织包括投资控制、进度控制、合同管理、付款和设计变更等流程。

5. C。施工组织总设计的编制通常采用如下程序：（1）收集和熟悉编制施工组织总设计所需的有关资料和图纸，进行项目特点和施工条件的调查研究；（2）计算主要工种工程的工程量；（3）确定施工的总体部署；（4）拟订施工方案；（5）编制施工总进度计划；

（6）编制资源需求量计划；（7）编制施工准备工作计划；（8）施工总平面图设计；（9）计算主要技术经济指标。

6. B。项目目标控制的组织措施，即分析由于组织的原因而影响项目目标实现的问题，并采取相应的措施。如调整项目组织结构、任务分工、管理职能分工、工作流程组织和项目管理班子人员等。

7. C。根据《建设工程施工合同（示范文本）》GF—2017—0201 中第 3.2.4 条规定，发包人有权书面通知承包人更换其认为不称职的项目经理，通知中应当载明要求更换的理由。承包人应在接到更换通知后 14 天内向发包人提出书面的改进报告。

8. C。项目管理机构负责人的职责如下：（1）项目管理目标责任书中规定的职责。（2）工程质量安全责任承诺书中应履行的职责。（3）组织或参与编制项目管理规划大纲、项目管理实施规划，对项目目标进行系统管理。（4）主持制定并落实质量、安全技术措施和专项方案，负责相关的组织协调工作。（5）对各类资源进行质量监控和动态管理。（6）对进场的机械、设备、工器具的安全、质量和使用进行监控。（7）建立各类专业管理制度并组织实施。（8）制定有效的安全、文明和环境保护措施并组织实施。（9）组织或参与评价项目管理绩效。（10）进行授权范围内的任务分解和利益分配。（11）按规定完善工程资料，规范工程档案文件，准备工程结算和竣工资料，参与工程竣工验收。（12）接受审计，处理项目管理机构解体的善后工作。（13）协助和配合组织进行项目检查、鉴定和评奖申报。（14）配合组织完善缺陷责任期的相关工作。

9. D。常用的风险对策包括风险规避、减轻、自留、转移及其组合等策略。对难以控制的风险，向保险公司投保是风险转移的一种措施。风险响应指的是针对项目风险的对策进行风险响应。A 选项属于风险识别，B 选项属于风险监控，C 选项属于风险评估。

10. A。工程监理人员认为工程施工不符合工程设计要求、施工技术标准和合同约定的，有权要求建筑施工企业改正。工程监理人员发现工程设计不符合建筑工程质量标准或者合同约定的质量要求的，应当报告建设单位要求设计单位改正。

11. B。人工费内容包括：计时工资或计件工资；奖金；津贴补贴（流动施工津贴、特殊地区施工津贴、高温（寒）作业临时津贴、高空津贴）；加班加点工资；特殊情况下支付的工资。

12. D。耐用总台班数=折旧年限×年工作台班。则该机械台班折旧费=（200-40）/（250×10）=0.064 万元。

13. C。统计分析法是把过去施工生产中的同类工程或同类产品的工时消耗的统计资料，与当前生产技术和施工组织条件的变化因素结合起来，进行统计分析的方法。

14. A。综合单价的计算可以概括为以下步骤：（1）确定组合定额子目；（2）计算定额子目工程量；（3）测算人、料、机消耗量；（4）确定人、料、机单价；（5）计算清单项目的人、料、机费；（6）计算清单项目的管理费和利润；（7）计算清单项目的综合单价。

15. B。措施项目清单中的安全文明施工费应按照国家或省级、行业建设主管部门的规定计价，不得作为竞争性费用。规费和税金应按国家或省级、行业建设主管部门的规定计算，不得作为竞争性费用。

16. C。工程量计量按照合同约定的工程量计算规则、图纸及变更指示等进行计量。工程量计算规则应以相关的国家标准、行业标准等为依据，由合同当事人在专用合同条款中约定。对于不符合合同文件要求的工程，承包人超出施工图纸范围或因承包人原因造成返工的工程量，不予计量。若发现工程量清单中出现漏项、工程量计算偏差，以及工程变更引起工程量的增减变化，应据实调整，正确计量。

17. A。招标工程以投标截止日前28天，非招标工程以合同签订前28天为基准日。

18. B。合同约定范围内（15%以内）的工程款为：3000×（1+15%）×80=276000元；超过15%之后部分工程量的工程款为：（3600-3000×1.15）×72=10800元。

则土方工程价款=276000+10800=286800元。

19. D。暂估材料或工程设备的单价确定后，在综合单价中只应取代原暂估单价，不应再在综合单价中涉及企业管理费或利润等其他费的变动。

20. D。暂列金额是指招标人在工程量清单中暂定并包括在合同价款中的一笔款项。故A选项错误。已签约合同价中的暂列金额由发包人掌握使用。发包人按照合同的规定作出支付后，如有剩余，则暂列金额余额归发包人所有。故B选项错误。暂列金额，用于工程合同签订时尚未确定或者不可预见的所需材料、工程设备、服务的采购，施工中可能发生的工程变更、合同约定调整因素出现时的合同价款调整以及发生的索赔、现场签证等确认的费用。故C选项错误，D选项正确。

21. B。实行招标的工程：承包人报价浮动率 L=（1-中标价/最高投标限价）×100%=（1-1500/1600）×100%=6.25%。

22. B。建设单位与施工总承包单位依法订立书面工程施工合同，应当约定工程款计量周期、工程款进度结算办法以及人工费拨付周期，并按照农民工工资按时足额支付的要求约定人工费用，人工费用拨付周期不得超过1个月。

23. A。质量保证金的扣留有以下三种方式：（1）在支付工程进度款时逐次扣留（原则上采用这种方式）；（2）工程竣工结算时一次性扣留质量保证金；（3）双方约定的其他扣留方式。

24. C。成本分析是在成本核算的基础上，对成本的形成过程和影响成本升降的因素进行分析，以寻求进一步降低成本的途径。

25. D。时间—成本累积曲线的绘制步骤如下：（1）确定工程项目进度计划，编制进度计划的横道图。（2）根据每单位时间内完成的实物工程量或投入的人力、物力和财力，计算单位时间（月或旬）的成本，在时标网络图上按时间编制成本支出计划。（3）计算规定时间 t 计划累计支出的成本额。其计算方法为：将各单位时间计划完成的成本额累加求和。（4）按各规定时间的 Q_t 值，绘制S形曲线。

26. B。成本管理体系的建立是企业自身生存发展的需要，没有社会组织来评审和认证。故A选项错误。要做好施工成本的过程控制，必须制定规范化的过程控制程序。故B选项正确。管理行为控制程序是对成本全过程控制的基础，指标控制程序则是成本进行过程控制的重点。两个程序既相对独立又相互联系，既相互补充又相互制约。故C、D选项错误。

27. D。差额计算法是因素分析法的一种简化形式，它利用各个因素的目标值与实际值的差额来计算其对成本的影响程度。成本降低率提高对成本降低额的影响程度：（3.5%-3%）×240=1.2万元。

28. C。单位工程竣工成本分析，应包括：（1）竣工成本分析；（2）主要资源节超对比分析；（3）主要技术节约措施及经济效果分析。

29. A。总进度目标论证并不是单纯的总进度规划的编制工作，它涉及许多工程实施的条件分析和工程实施策划方面的问题。故 A 选项正确、C 选项错误。在进行建设工程项目总进度目标控制前，首先应分析和论证进度目标实现的可能性。故 B 选项错误。建设工程项目总进度目标论证应分析和论证项目实施阶段各项工作的进度，以及各项工作进展的相互关系，不包括项目动用后的工作进度。故 D 选项错误。

30. D。月度施工计划和旬施工作业计划是用于直接组织施工作业的计划，它是实施性施工进度计划。旬施工作业计划是月度施工计划在一个旬中的具体安排。

31. C。横道图进度计划法存在的一些问题：（1）工序（工作）之间的逻辑关系可以设法表达，但不易表达清楚；（2）适用于手工编制计划；（3）没有通过严谨的进度计划时间参数计算，不能确定计划的关键工作、关键路线与时差；（4）计划调整只能用手工方式进行，其工作量较大；（5）难以适应大的进度计划系统。

32. C。关键线路是①→②→③→④→⑦→⑧→⑨和①→②→③→④→⑦→⑨，工作 G 的完成节点为关键节点，所以其自由时差=总时差=6+10-8-3=5。

33. D。最早开始时间等于各紧前工作的最早完成时间的最大值。最早完成时间等于最早开始时间加上其持续时间。最早开始时间=max{2,4}=4 天，最早完成时间=4+5=9 天。

34. C。总时差最小的工作为关键工作。

35. D。工作的总时差等于该工作最迟完成时间与最早完成时间之差，或该工作最迟开始时间与最早开始时间之差。即，工作 B 的总时差=19-13=6 天。工作 C 的总时差=21-15=6 天。除以终点节点为完成节点的工作外，其他工作的总时差等于其紧后工作的总时差加本工作与该紧后工作之间的时间间隔所得之和的最小值。即，工作 A 的总时差=min{6+0, 6+2}=6 天。若工作 A 实际进度拖延 7 天，则超过总时差 1 天将使总工期延长 1 天。

36. C。环境的因素主要包括施工现场自然环境因素、施工质量管理环境因素和施工作业环境因素。

37. A。施工质量控制的特点包括：（1）需要控制的因素多；（2）控制的难度大；（3）过程控制要求高；（4）终检局限大。在施工质量控制工作中，必须强调过程控制，加强对施工过程的质量检查，及时发现和整改存在的质量问题，并及时做好检查、签证记录，为证明施工质量提供必要的证据。

38. C。工作保证体系主要是明确工作任务和建立工作制度，落实在施工准备阶段、施工阶段、竣工验收阶段三个阶段。C 选项属于施工准备阶段的工作。A、B、D 选项属于组织保证体系工作。

39. D。事中控制首先是对质量活动的行为约束，其次是对质量活动过程和结果的监督控制。

40. B。实测法的手段可概括为"靠、量、吊、套"四个字。所谓靠，就是用直尺、塞尺检查诸如墙面、地面、路面等的平整度；量，就是指用测量工具和计量仪表等检查断面尺寸、轴线、标高、湿度、温度等的偏差，例如，大理石板拼缝尺寸与超差数量、摊铺沥青拌合料的温度、混凝土坍落度的检测等；吊，就是利用托线板以及线锤吊线检查垂直度，例如，砌体、门窗安装的垂直度检查等；套，是以方尺套方，辅以塞尺检查。例如，对阴阳角的方正、踢脚线的垂直度、预制构件的方正、门窗口及构件的对角线检查等。

41. D。施工单位必须对建设单位提供的原始坐标点、基准线和水准点等测量控制点线进行复核，并将复测结果上报监理工程师审核，批准后施工单位才能据此建立施工测量控制网，进行工程定位和标高基准的控制。

42. B。检验批的合格质量主要取决于对主控项目和一般项目的检验结果。主控项目是对检验批的基本质量起决定性影响的检验项目，因此，必须全部符合有关专业工程验收规范的规定。

43. D。为了避免社会财富更大的损失，在不影响安全和主要使用功能条件下，可按技术处理方案和协商文件进行验收，责任方应承担经济责任。

44. C。工程质量事故分为4个等级：（1）特别重大事故，是指造成30人以上死亡，或者100人以上重伤，或者1亿元以上直接经济损失的事故；（2）重大事故，是指造成10人以上30人以下死亡，或者50人以上100人以下重伤，或者5000万元以上1亿元以下直接经济损失的事故；（3）较大事故，是指造成3人以上10人以下死亡，或者10人以上50人以下重伤，或者1000万元以上5000万元以下直接经济损失的事故；（4）一般事故，是指造成3人以下死亡，或者10人以下重伤，或者100万元以上1000万元以下直接经济损失的事故。该等级划分所称的"以上"包括本数，所称的"以下"不包括本数。对于这类型的题目，我们先分别判断每个条件所对应的事故等级，最后选择等级最高的作为本题的正确答案。

45. A。技术原因引发的质量事故指在工程项目实施中由于设计、施工在技术上的失误而造成的质量事故。如结构设计计算错误，对地质情况估计错误，采用了不适宜的施工方法或施工工艺等引发质量事故。

46. B。施工质量事故报告和调查处理程序：（1）事故调查；（2）事故的原因分析；（3）制定事故处理的技术方案；（4）事故处理；（5）事故处理的鉴定验收；（6）提交处理报告。

47. A。法定检测单位鉴定合格的质量事故可不作处理。如，某检验批混凝土试块强度值不满足规范要求，强度不足，但经法定检测单位对混凝土实体强度进行实际检测后，其实际强度达到规范允许和设计要求值时，可不作处理。

48. D。在工程项目开工前，监督机构要在施工现场召开由工程建设参与各方代表参加的监督会议，公布监督计划方案，提出监督要求，并进行第一次的监督检查工作。检查的重点是参与工程建设各方主体的质量行为。

49. C。"运行"部分包括：（1）运行策划和控制；（2）应急准备和响应。

50. C。作业文件是指管理手册、程序文件之外的文件，一般包括作业指导书（操作规程）、管理规定、监测活动准则及程序文件引用的表格。

51. B。安全生产许可证的有效期为3年。安全生产许可证有效期满需要延期的，企业应当于期满前3个月向原安全生产许可证颁发管理机关办理延期手续。企业在安全生产许可证有效期内，严格遵守有关安全生产的法律法规，未发生死亡事故的，安全生产许可证有效期届满时，经原安全生产许可证颁发管理机关同意，不再审查，安全生产许可证有效期延期3年。

52. B。特种作业操作证在全国范围内有效，离开特种作业岗位6个月以上的特种作业人员，应当重新进行实际操作考试，经确认合格后方可上岗作业。

53. C。施工单位应当在施工组织设计中编制安全技术措施和施工现场临时用电方案，对下列达到一定规模的危险性较大的分部分项工程编制专项施工方案，并附具安全验算结果，经施工单位技术负责人、总监理工程师签字后实施，由专职安全生产管理人员进行现场监督：基坑支护与降水工程；土方开挖工程；模板工程；起重吊装工程；脚手架工程；拆除、爆破工程；国务院建设行政主管部门或者其他有关部门规定的其他危险性较大的工程中涉及深基坑、地下暗挖工程、高大模板工程的专项施工方案，施工单位还应当组织专家进行论证、审查。

54. C。《社会保险法》和《工伤保险条例》明确了建筑施工企业作为用人单位，为职工参加工伤保险并缴纳工伤保险费是其应尽的法定义务，但为从事危险作业的职工投保意外伤害险并非强制性规定，是否投保意外伤害险由建筑施工企业自主决定。

55. D。专项应急预案是针对具体的事故类别（如基坑开挖、脚手架拆除等事故）、危险源和应急保障而制定的计划或方案，是综合应急预案的组成部分，应按照综合应急预案的程序和要求组织制定，并作为综合应急预案的附件。

56. C。生产安全事故发生后，受伤者或最先发现事故的人员应立即用最快的传递手段，将发生事故的时间、地点、伤亡人数、事故原因等情况，向施工单位负责人报告。故A选项错误。情况紧急时，事故现场有关人员可以直接向事故发生地县级以上人民政府建设主管部门和有关部门报告。故B选项错误。建设主管部门按照规定逐级上报事故情况时，每级上报的时间不得超过2小时。故D选项错误。

57. B。施工现场搅拌站的污水、水磨石的污水等须经排水沟排放和沉淀池沉淀后再排入城市污水管道或河流，污水未经处理不得直接排入城市污水管道或河流。故A选项错误。施工现场100人以上的临时食堂，污水排放时可设置简易有效的隔油池，定期掏油、清理杂物，防止污染水体。故C选项错误。施工现场存放油料、化学溶剂等设有专门的库房，必须对库房地面和高250mm墙面进行防渗处理。故D选项错误。

58. C。进度控制方面，施工总承包模式的开工日期不可能太早，建设周期会较长。对施工总承包管理单位的招标不依赖于完整的施工图设计，可以提前到初步设计阶段进行。而对分包单位的招标依据该部分工程的施工图，与施工总承包模式相比也可以提前，从而可以提前开工，缩短建设周期。

59. A。投标文件不完备或投标没有达到招标人的要求，在招标范围以外提出新的要求，均被视为对于招标文件的否定，不会被招标人所接受。故B选项错误。标书的提交要有固定标准的要求，基本内容是：签章、密封。投标书还需要按照要求签章，投标书需要盖有投标企业公章以及企业法人的名章（或签字）。故C选项错误。如果项目所在地与企业距离较远，由当地项目经理部组织投标，需要提交企业法人对于投标项目经理的授权委托书。故D选项错误。

60. D。本题考核的是《标准施工招标文件》中关于验收的规定。发包人在收到承包人竣工验收申请报告56天后未进行验收的，视为验收合格，实际竣工日期以提交竣工验收申请报告的日期为准，但发包人由于不可抗力不能进行验收的除外。

61. A。B、D选项错误，分包人须服从承包人转发的发包人或工程师与分包工程有关的指令。未经承包人允许，分包人不得以任何理由与发包人或工程师发生直接工作联系，分包人不得直接致函发包人或工程师，也不得直接接受发包人或工程师的指令。C选项错误，遵守政府有关主管部门对施工场地交通、施工噪声以及环境保护和安全文明生产等的管理规定，按规定办理有关手续，并以书面形式通知承包人，承包人承担由此发生的费用，因分包人责任造成的罚款除外。

62. D。劳务分包人必须为从事危险作业的职工办理意外伤害保险,并为施工场地内自有人员生命财产和施工机械设备办理保险,支付保险费用。

63. B。单价合同的特点是单价优先,当总价和单价的计算结果不一致时,以单价为准调整总价。

64. A。总价合同的特点包括:(1)发包单位可以在报价竞争状态下确定项目的总造价,可以较早确定或者预测工程成本;(2)业主的风险较小,承包人将承担较多的风险;(3)评标时易于迅速确定最低报价的投标人;(4)在施工进度上能极大地调动承包人的积极性;(5)发包单位能更容易、更有把握地对项目进行控制;(6)必须完整而明确地规定承包人的工作;(7)必须将设计和施工方面的变化控制在最小限度内。

65. C。除专用合同条款另有约定外,因变更引起的价格调整按照本款约定处理。(1)已标价工程量清单中有适用于变更工作的子目的,采用该子目的单价。(2)已标价工程量清单中无适用于变更工作的子目,但有类似子目的,可在合理范围内参照类似子目的单价,由监理人按总监理工程师与合同当事人商定或确定变更工作的单价。(3)已标价工程量清单中无适用或类似子目的单价,可按照成本加利润的原则,由监理人按总监理工程师与合同当事人商定或确定变更工作的单价。

66. B。索赔的成立,应该同时具备以下三个前提条件:(1)与合同对照,事件已造成了承包人工程项目成本的额外支出或直接工期损失;(2)造成费用增加或工期损失的原因,按合同约定不属于承包人的行为责任或风险责任;(3)承包人按合同规定的程序和时间提交索赔意向通知和索赔报告。以上三个条件必须同时具备,缺一不可。

67. D。第三者责任险是指由于施工的原因导致项目法人和承包人以外的第三人受到财产损失或人身伤害的赔偿。应当注意,属于承包商或业主在工地的财产损失,或其公司和其他承包商在现场从事与工作有关的职工的伤亡不属于第三者责任险的赔偿范围,而属于工程一切险和人身意外伤害险的范围。

68. B。预付款担保是指承包人与发包人签订合同后领取预付款之前,为保证正确、合理使用发包人支付的预付款而提供的担保。

69. C。信息管理部门的工作任务包括:(1)负责编制信息管理手册;(2)负责协调和组织项目管理班子中各个工作部门的信息处理工作;(3)负责信息处理工作平台的建立和运行维护;(4)与其他工作部门协同组织收集信息、处理信息和形成各种反映项目进展和项目目标控制的报表和报告;(5)负责工程档案管理等。

70. D。工程质量控制资料是建设工程施工全过程全面反映工程质量控制和保证的依据性证明资料。应包括原材料、构配件、器具及设备等的质量证明、合格证明、进场材料试验报告,施工试验记录,隐蔽工程检查记录、交接检查记录等。

二、多项选择题

71. A、B、C、E 72. B、C、D、E 73. A、C   74. A、B、E   75. C、E
76. A、B、E   77. A、B、E   78. D、E   79. C、D、E   80. A、B、C
81. A、B、D   82. A、C、D、E   83. A、C   84. A、C、D   85. C、D、E
86. A、B   87. C、D   88. A、B、D、E 89. A、D、E   90. C、E
91. B、C、D   92. B、C、E   93. A、C、D、E 94. B、E   95. A、B、E

【解析】

71. A、B、C、E。业主方和项目各参与方，如设计单位、施工单位、供货单位和工程管理咨询单位等都有各自的项目管理的任务，上述各方都应该编制各自的项目管理任务分工表，故 D 选项错误。

72. B、C、D、E。分部（分项）工程施工组织设计的主要内容如下：（1）工程概况及施工特点分析；（2）施工方法和施工机械的选择；（3）分部（分项）工程的施工准备工作计划；（4）分部（分项）工程的施工进度计划；（5）各项资源需求量计划；（6）技术组织措施、质量保证措施和安全施工措施；（7）作业区施工平面布置图设计。

73. A、C。经济与管理风险包括：（1）工程资金供应条件；（2）合同风险；（3）现场与公用防火设施的可用性及其数量；（4）事故防范措施和计划；（5）人身安全控制计划；（6）信息安全控制计划等。

74. A、B、E。施工准备阶段建设监理工作的主要任务：（1）审查施工单位选择的分包单位的资质条件；（2）监督检查施工单位质量保证体系及安全技术措施，完善质量管理程序与制度；（3）参与设计单位向施工单位的设计交底；（4）审查施工组织设计；（5）在单位工程开工前检查施工单位的复测资料；（6）对重点工程部位的中线和水平控制进行复查；（7）审批一般单项工程和单位工程的开工报告。

75. C、E。施工企业管理费包括管理人员工资、办公费、差旅交通费、固定资产使用费、工具用具使用费、劳动保险和职工福利费、劳动保护费、检验试验费、工会经费、职工教育经费、财产保险费、财务费、税金、城市维护建设税、教育费附加、地方教育附加、其他。A 选项属于人工费，B 选项其他项目费，D 选项属于措施项目费。

76. A、B、C、E。投标报价应该以施工方案、技术措施等作为投标报价计算的基本条件。故 A 选项正确。投标人的投标报价不得低于工程成本。故 B 选项正确。为避免出现差错，要求投标人必须按招标人提供的招标工程量清单填报投标价格，填写的项目编码、项目名称、项目特征、计量单位、工程量必须与招标工程量清单一致。故 C 选项正确。投标报价应由投标人或受其委托具有相应资质的工程造价咨询人编制。故 D 选项错误。投标报价要以招标文件中设定的承发包双方责任划分，作为设定投标报价费用项目和用计算的基础。故 E 选项正确。

77. A、B、E。直接成本包括人工费、材料费和施工机具使用费。间接成本包括管理人员工资、办公费、差旅交通费等。

78. D、E。项目财务部门一般采用会计核算法。故 A 选项错误。表格核算法实用性较好，精度不高，覆盖面较小。故 B 选项错误。因为表格核算具有操作简单和表格格式自由等特点，因而对工程项目内各岗位成本的责任核算比较实用。故 C 选项错误。

79. C、D、E。建设工程项目总进度目标论证的工作步骤如下：（1）调查研究和收集资料；（2）进行项目结构分析；（3）进行进度计划系统的结构分析；（4）确定项目的工作编码；（5）编制各层（各级）进度计划；（6）协调各层进度计划的关系和编制总进度计划；（7）若所编制的总进度计划不符合项目的进度目标，则设法调整；（8）若经过多次调整，进度目标无法实现，则报告项目决策者。

80. A、B、C。控制性施工进度计划编制的主要目的是通过计划的编制，以对施工承包合同所规定的施工进度目标进行再论证，并对进度目标进行分解，确定施工的总体部署，并确定为实现进度目标的里程碑事件的进度目标（或称其为控制节点的进度目标），作为进度控制的依据。

81. A、B、C、D。该工程双代号网络计划关键线路为①→②→⑤→⑦→⑧、①→②→⑤→⑥→⑧、①→③→⑤→⑦→⑧和①→③→⑤→⑥→⑧。

82. A、C、D、E。施工进度计划检查后应按下列内容编制进度报告：（1）进度计划实施情况的综合描述；（2）实际工程进度与计划进度的比较；（3）进度计划在实施过程中存在的问题及其原因分析；（4）进度执行情况对工程质量、安全和施工成本的影响情况；（5）将采取的措施；（6）进度的预测。

83. A、C。施工进度控制的经济措施涉及资金需求计划和加快施工进度的经济激励措施等。

84. A、C、D。质量手册的内容包括：企业的质量方针、质量目标；组织机构及质量职责；各项质量活动基本控制程序或体系要素；质量评审、修改和控制管理办法。

85. C、D、E。分部工程质量验收合格应符合下列规定：（1）所含分项工程的质量均应验收合格；（2）质量控制资料应完整；（3）有关安全、节能、环境保护和主要使用功能的检验结果应符合相应规定；（4）观感质量应符合要求。A选项属于检验批质量验收合格的条件。B选项错在"主要"，应该是"全部"。

86. A、B。《建设工程质量管理条例》规定，从事建设工程活动，必须严格执行基本建设程序，坚持先勘察、后设计、再施工的原则。但是现实情况是，违反基本建设程序的现象屡禁不止，无立项、无报建、无开工许可、无招标投标、无资质、无监理、无验收的"七无"工程，边勘察、边设计、边施工的"三边"工程屡见不鲜，几乎所有的重大施工质量事故都能从这些方面找到原因。

87. A、B、E。工程质量监督管理包括下列内容：（1）执行法律法规和工程建设强制性标准的情况；（2）抽查涉及工程主体结构安全和主要使用功能的工程实体质量；（3）抽查工程质量责任主体和质量检测等单位的工程质量行为；（4）抽查主要建筑材料、建筑构配件的质量；（5）对工程竣工验收进行监督；（6）组织或者参与工程质量事故的调查处理；（7）定期对本地区工程质量状况进行统计分析；（8）依法对违法违规行为实施处罚。

88. A、B、D、E。特种作业人员应具备的条件是：（1）年满18周岁，且不超过国家法定退休年龄；（2）经社区或者县级以上医疗机构体检健康合格，并无妨碍从事相应特种作业的器质性心脏病、癫痫病、美尼尔氏症、眩晕症、癔病、震颤麻痹症、精神病、痴呆症以及其他疾病和生理缺陷；（3）具有初中及以上文化程度；（4）具备必要的安全技术知识与技能；（5）相应特种作业规定的其他条件。危险化学品特种作业人员除符合第（1）项、第（2）项、第（4）项和第（5）项规定的条件外，应当具备高中或者相当于高中及以上文化程度。对特种作业人员的安全教育应注意以下三点：（1）特种作业人员上岗作业前，必须进行专门的安全技术和操作技能的培训教育，这种培训教育要实行理论教学与操作技术训练相结合的原则，重点放在提高其安全操作技术和预防事故的实际能力上。（2）培训后，经考核合格方可取得操作证，并准许独立作业。（3）取得操作证特种作业人员，必须定期进行复审。特种作业操作证每3年复审1次。

89. A、B、D、E。有下列情形中的一个，应急预案应及时修订并且归档：（1）依据的法律、法规、规章、标准及上位预案中的有关规定发生重大变化的；（2）应急指挥机构及其职责发生调整的；（3）面临的事故风险发生重大变化的；（4）重要应急资源发生重大变化的;(5)预案中的其他重要信息发生变化的;(6)在应急演练和事故应急救援中发现问题需要修订的;(7)编制单位认为应当修订的其他情况。

90. A、B、C、E。事故调查报告的内容包括:(1)事故发生单位概况;(2)事故发生经过和事故救援情况;(3)事故造成的人员伤亡和直接经济损失;(4)事故发生的原因和事故性质;(5)事故责任的认定以及对事故责任者的处理建议;(6)事故防范和整改措施。

91. B、C、D。事故发生单位及其有关人员有下列违法行为之一的,对事故发生单位处100万元以上500万元以下的罚款:(1)谎报或者瞒报事故;(2)伪造或者故意破坏事故现场;(3)转移、隐匿资金、财产,或者销毁有关证据、资料;(4)拒绝接受调查或者拒绝提供有关情况和资料;(5)在事故调查中作伪证或者指使他人作伪证;(6)事故发生后逃匿。

92. B、C、E。初步评审主要是进行符合性审查,即重点审查投标书是否实质上响应了招标文件的要求。审查内容包括:投标资格审查、投标文件完整性审查、投标担保的有效性、与招标文件是否有显著的差异和保留等。如果投标文件实质上不响应招标文件的要求,将作无效标处理,不必进行下一阶段的评审。另外还要对报价计算的正确性进行审查。

93. A、C、D、E。承包人的义务包括:(1)负责编制施工组织设计,统一制定各项管理目标,组织编制年、季、月施工计划、物资需用量计划表,实施对工程质量、工期、安全生产、文明施工、计量检测、实验化验的控制、监督、检查和验收;(2)负责工程测量定位、沉降观测、技术交底,组织图纸会审,统一安排技术档案资料的收集整理及交工验收;(3)负责与发包人、监理、设计及有关部门联系,协调现场工作关系。

94. B、E。承包人应在发出索赔意向通知书后28天内,向监理人正式递交索赔通知书。故A选项错误。承包人应在知道或应当知道索赔事件发生后28天内,向监理人递交索赔意向通知书,并说明发生索赔事件的事由。故B选项正确。在索赔事件影响结束后的28天内,承包人应向监理人递交最终索赔通知书。故C选项错误。索赔事件具有持续影响的,承包人应按合理时间间隔继续递交延续索赔通知,说明持续影响的实际情况和记录,列出累计的追加付款金额和(或)工期延长天数。故D选项错误、E选项正确。

95. A、B、E。国内工程通常由项目法人办理保险,国际工程一般要求承包人办理保险,如果承包商不愿投保工程一切险,也可以就承包商的材料、机具设备、临时工程、已完工程等分别进行保险,但应征得业主的同意。故C选项错误。投保人办理保险时应以双方名义共同投保。故D选项错误。

《建筑工程管理与实务》
考前第 2 套卷及解析

《建筑工程管理与实务》考前第2套卷

一、单项选择题（共20题，每题1分。每题的备选项中，只有1个最符合题意）

1. 为提高墙体抗震受剪承载力而设置的芯柱，宜在墙体内均匀布置，最大净距不宜大于（　　）m。
   A．1.0
   B．1.5
   C．2.0
   D．2.5

2. 吊车梁变形过大会使吊车无法正常运行，水池出现裂缝便不能蓄水等，都影响正常使用，需要对变形、裂缝等进行必要的控制，这属于房屋结构的（　　）功能。
   A．适用性
   B．整体性
   C．耐久性
   D．安全性

3. 关于砌体结构的主要技术要求的说法，错误的是（　　）。
   A．预制钢筋混凝土板在墙上的支承长度不应小于100mm
   B．墙体转角处和纵横墙交接处应沿竖向每隔400~500mm设拉结钢筋，其数量为每120mm墙厚不少于1根直径6mm的钢筋
   C．砌块砌体应分皮错缝搭砌，上下皮搭砌长度不得小于90mm
   D．框架填充墙墙体厚度不应小于60mm，砌筑砂浆的强度等级不宜低于M5

4. 下列关于硅酸盐水泥的凝结时间的叙述，正确的是（　　）。
   A．初凝时间不得短于45min，终凝时间不得长于6.5h
   B．初凝时间不得短于30min，终凝时间不得长于6.5h
   C．初凝时间不得短于45min，终凝时间不得长于10h
   D．初凝时间不得短于60min，终凝时间不得长于10h

5. 下列砌块中，（　　）密度较小、热工性能较好，但干缩值较大，使用时更容易产生裂缝，目前主要用于非承重的隔墙和围护墙。
   A．普通混凝土小型空心砌块
   B．轻集料混凝土小型空心砌块
   C．蒸压加气混凝土砌块
   D．普通烧结砌块

6. 下列节能装饰型玻璃中，（　　）可有效吸收太阳的辐射热，产生"冷室效应"，达到蔽热节能的效果。
   A．低辐射玻璃
   B．镀膜玻璃
   C．中空玻璃
   D．着色玻璃

7. 某工程地基验槽采用观察法，验槽时应重点观察的是（　　）。
   A．基槽开挖深度
   B．槽壁、槽底的土质情况
   C．柱基、墙角、承重墙下
   D．槽底土质结构是否被人为破坏

8. 钢筋的焊接方法中，（　　）适用于现浇钢筋混凝土结构中竖向或斜向钢筋的连接。
   A．电阻点焊
   B．闪光对焊
   C．电弧焊
   D．电渣压力焊

9. 下列填充墙砌体工程施工技术的说法，错误的是（　　）。
   A．轻骨料混凝土小型空心砌块的产品龄期不应小于 28d
   B．蒸压加气混凝土砌块的含水率宜小于 40%
   C．烧结空心砖进场后应按品种、规格分别堆放整齐，堆置高度不宜超过 2m
   D．烧结空心砖、吸水率较大的轻骨料混凝土小型空心砌块应提前 1～2 d 浇（喷）水湿润

10. 卷材防水层施工中，设计无要求时，阴阳角等特殊部位铺设的卷材加强层宽度不应小于（　　）mm。
    A．300　　　　　　　　　　　　　　B．400
    C．500　　　　　　　　　　　　　　D．600

11. 关于金属与石材幕墙工程框架安装的做法，错误的有（　　）。
    A．金属与石材幕墙的框架最常用的是铝合金型材
    B．金属与石材幕墙的框架安装前，应对进场构件进行检验和校正
    C．幕墙构架立柱与主体结构的连接应有一定的相对位移的能力
    D．幕墙横梁应通过角码、螺钉或螺栓与立柱连接

12. 依法必须进行招标的项目，自招标文件开始发出之日起至投标人提交投标文件截止之日止，最短不得少于（　　）d。
    A．12　　　　　　　　　　　　　　B．15
    C．25　　　　　　　　　　　　　　D．20

13. 单位工程施工组织设计的内容不包括（　　）。
    A．施工进度、质量、控制计划　　　　B．施工部署
    C．工程概况　　　　　　　　　　　　D．施工现场平面布置

14. 在施工现场防火要求中，下列属于二级动火情况的是（　　）。
    A．危险性较大的登高焊、割作业
    B．现场堆有大量可燃和易燃物质的场所
    C．比较密封的室内、容器内、地下室等场所
    D．在具有一定危险因素的非禁火区域内进行临时焊、割等用火作业

15. 关于施工现场安全用电的做法，正确的是（　　）。
    A．所有用电设备用同一个专用开关箱
    B．总配电箱无需加装漏电保护器
    C．现场用电设备 10 台，编制了用电组织设计
    D．施工现场的动力用电和照明用电形成一个用电回路

16. 下列合同中，（　　）适用于工期长、施工图不完整、施工过程不可预见因素较多的工程项目。
    A．单价合同　　　　　　　　　　　　B．固定总价合同
    C．可调总价合同　　　　　　　　　　D．成本加酬金合同

17. 下列工程中，需要召开专家论证会的是（　　）。
    A．开挖深度超过 3m（含 3m）的基坑（槽）的土方开挖工程
    B．高度大于支撑水平投影宽度且相对独立无联系构件的混凝土模板支撑工程
    C．采用非常规起重设备、方法，且单件起吊重量在 100kN 及以上的起重吊装工程
    D．搭设高度 24m 及以上的落地式钢管脚手架工程

18. 混凝土分项工程原材料要求中,当在使用中对水泥质量有怀疑或水泥出厂超过（   ）个月时,应进行复验,并按复验结果使用。
   A．1
   B．2
   C．3
   D．4

19. 对涉及混凝土结构安全重要部位的结构实体检验由（   ）组织实施。
   A．监理工程师
   B．建设单位项目专业技术负责人
   C．项目经理
   D．施工项目技术负责人

20. 某高程测量,如下图所示,已知A点高程为H_A,欲测得B点高程H_B,安置水准仪于A、B之间,后视读数为a,前视读数为b,则B点高程H_B为（   ）。

   A．$H_B=H_A-a-b$
   B．$H_B=H_A+a+b$
   C．$H_B=H_A+a-b$
   D．$H_B=H_A-a+b$

二、多项选择题（共10题,每题2分。每题的备选项中,有2个或2个以上符合题意,至少有1个错项。错选,本题不得分；少选,所选的每个选项得0.5分）

21. 砌体结构具有的特点包括（   ）。
   A．容易就地取材,比使用水泥、钢筋和木材造价低
   B．具有较好的耐久性、良好的耐火性
   C．保温隔热性能好,节能效果好
   D．自重小,抗拉、抗剪、抗弯能力高
   E．抗震性能强

22. 影响砂浆稠度的因素有（   ）等。
   A．外加剂的种类与掺量
   B．含水量
   C．搅拌时间
   D．掺合料的种类与数量
   E．外加剂的粗细与级配

23. 关于净片玻璃的说法,正确的是（   ）。
   A．净片玻璃是指未经深加工的平板玻璃
   B．净片玻璃可作为深加工玻璃的原片
   C．净片玻璃有良好的透视、透光性能
   D．净片玻璃对太阳光中热射线的透过率较高
   E．8～12mm的净片玻璃一般直接用于有框门窗的采光

24. 轻骨料混凝土小型空心砌块或蒸压加气混凝土砌块如无切实有效措施,不得使用于（   ）。
   A．建筑物室内地面标高以上部位
   B．长期浸水或化学侵蚀环境
   C．砌块表面经常处于80℃以上环境
   D．建筑物防潮层以上墙体
   E．长期处于有振动源环境的墙体

25. 下列关于混凝土浇筑的说法，正确的是（　　）。
    A．浇筑中混凝土可以有离析现象
    B．浇筑混凝土应连续进行
    C．混凝土宜分层浇筑，分层振捣
    D．采用插入式振捣器振捣普通混凝土时，振捣器插入下层混凝土内的深度应不小于100mm
    E．梁和板宜同时浇筑混凝土，有主次梁的楼板宜顺着次梁方向浇筑

26. 吊顶工程应对（　　）等隐蔽工程项目进行验收。
    A．吊顶内管道、设备的安装及水管试压　　B．埋件
    C．吊杆的防水、防腐处理　　D．龙骨安装
    E．填充材料的避光试验

27. 下列关于建筑工程施工现场消防器材配置的说法，正确的有（　　）。
    A．高度超过15m的建筑工程，每层必须设消火栓口
    B．一般临时设施区，每100㎡配备两个10L的灭火器
    C．临时木工加工车间，每30㎡配置一个灭火器
    D．油漆作业间，每30㎡配置一个灭火器
    E．堆料厂内，每组灭火器之间的距离不应大于30m

28. 关于外墙外保温施工质量控制的说法，正确的有（　　）。
    A．聚苯板应按顺砌方式粘贴，竖缝应逐行错缝
    B．聚苯板涂胶粘剂处的面积不得小于聚苯板面积的30%
    C．聚苯板的锚固深度不小于25mm
    D．基层表面应清洁，无油污、隔离剂等妨碍粘结的附着物
    E．底层距室外地面2m高的范围及可能遭受冲击力部位须铺设加强网

29. 参加节能分部工程验收的人员应包括（　　）。
    A．当地建设行政主管部门负责人　　B．施工单位项目负责人
    C．施工单位技术负责人　　D．设计单位节能设计人员
    E．监理工程师

30. 关于钢结构高强度螺栓安装的说法，正确的有（　　）。
    A．应从刚度大的部位向约束较小的自由端进行
    B．应从约束较小的自由端向刚度大的部位进行
    C．应从螺栓群中部开始向四周扩展逐个拧紧
    D．应从螺栓群四周开始向中部集中逐个拧紧
    E．同一接头中高强度螺栓的初拧、复拧、终拧应在24h内完成

三、实务操作和案例分析题（共 4 题，每题 20 分）

（一）

背景资料：

某酒店工程，建设单位编制的招标文件部分内容为"工程质量为合格；投标人为本省具有工程总承包一级资质及以上企业；招标有效期为 2018 年 3 月 1 日至 2018 年 4 月 15 日；采取工程量清单计价模式；投标保证金为 500.00 万元……"。建设行政主管部门认为招标文件中部分条款不当，后经建设单位修改后继续进行招投标工作，共有八家施工企业参加工程项目投标，建设单位对投标人提出的疑问分别以书面形式对应回复给投标人。2018 年 5 月 28 日确定某企业以 2.18 亿元中标，其中土方挖运综合单价为 25.00 元/m^3，增值税及附加费为 11.50%。双方签订了施工总承包合同，部分合同条款如下：工期自 2018 年 7 月 1 日起至 2019 年 11 月 30 日止；因建设单位责任引起的签证变更费用予以据实调整；工程质量标准为优良。工程量清单附表中约定，拆除工程为 520.00 元/m^3；零星用工为 260.00 元/工日……

基坑开挖时，承包人发现地下位于基底标高以上部位，埋有一条尺寸为 25m×4m×4m（外围长×宽×高）、厚度均为 400mm 的废弃混凝土泄洪沟。建设单位、承包人、监理单位共同确认并进行了签证。

建设单位负责采购的部分装配式混凝土构件，提前一个月运抵施工场地，承包人会同监理单位清点验收后，承包人为了节约施工场地进行了集中堆放。由于叠合板堆放层数过多，致使下层部分构件产生裂缝。两个月后建设单位在承包人准备安装该批构件时知悉此事，遂要求承包人对构件进行检测并赔偿损坏构件的损失。承包人则称构件损坏是由于发包人提前运抵施工现场所致，不同意检测和承担损失，并要求建设单位增加支付两个月的构件保管费用。

施工招标时，工程量清单中 C25 钢筋综合单价为 4443.84 元/t，钢筋材料单价暂定为 2500.00 元/t，数量为 260.00t。结算时经双方核实实际用量为 250.00t，经业主签字认可采购价格为 3500.00 元/t，钢筋损耗率为 2%。承包人将钢筋综合单价的明细分别按照钢筋上涨幅度进行调整，调整后的钢筋综合单价为 6221.38 元/t。

问题：

1. 指出招标投标过程中有哪些不妥之处？并分别说明理由。
2. 承包人在基坑开挖过程中的签证费用是多少元？（保留小数点后两位）
3. 承包人不同意建设单位要求的做法是否正确？并说明理由。承包人可获得多少个月的保管费？
4. 承包人调整 C25 钢筋工程量清单的综合单价是否正确？说明理由。并计算该清单项结算综合单价和结算价款各是多少元？（保留小数点后两位）

答题区：

（二）

背景资料：

某工程项目，地上 15～18 层，地下 2 层，钢筋混凝土剪力墙结构，总建筑面积 57000m²。施工单位中标后成立项目经理部组织施工。项目经理部计划施工组织方式采用流水施工，根据劳动力储备和工程结构特点确定流水施工的工艺参数、时间参数和空间参数，如空间参数中的施工段、施工层划分等，合理配置了组织和资源，编制的项目双代号网络计划如图 1 所示。

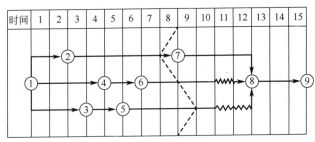

图 1 项目双代号网络计划（一）

项目经理部在工程施工到第 8 月底时，对施工进度进行了检查，工程进展状态如图 1 中前锋线所示。工程部门根据检查分析情况，调整措施后重新绘制了从第 9 月开始到工程结束的双代号网络计划，部分内容如图 2 所示。

主体结构完成后，项目部为结构验收做了以下准备工作：

（1）将所有模板拆除并清理干净；
（2）工程技术资料整理、整改完成；
（3）完成了合同图纸和洽商所有内容；
（4）各类管道预埋完成，位置尺寸准确，相应测试完成；

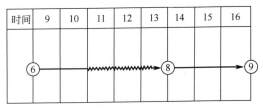

图 2 项目双代号网络计划（二）

（5）各类整改通知已完成，并形成整改报告。

项目部认为达到了验收条件，向监理单位申请组织结构验收，并决定由项目技术负责人、相关部门经理和工长参加。监理工程师认为存在验收条件不具备、参与验收人员不全等问题，要求完善验收条件。

问题：

1. 工程施工组织方式有哪些？组织流水施工时，应考虑的工艺参数和时间参数分别包括哪些内容？
2. 根据图 1 中进度前锋线分析第 8 月底工程的实际进展情况。
3. 在答题纸上绘制（可以手绘）正确的从第 9 月开始到工程结束的双代号网络计划图。
4. 主体结构验收工程实体还应具备哪些条件？施工单位应参与结构验收的人员还有哪些？

答题区：

（三）

背景资料：

某新建住宅工程，建筑面积22000m²，地下一层，地上十六层，框架-剪力墙结构，抗震设防烈度7度。

施工单位项目部在施工前，由项目技术负责人组织编写了项目质量计划书，报请施工单位质量管理部门审批后实施。质量计划要求项目部施工过程中建立包括使用机具和设备管理记录，图纸、设计变更收发记录，检查和整改复查记录，质量管理文件及其他记录等质量管理记录制度。

240mm厚灰砂砖填充墙与主体结构连接施工的要求有：填充墙与柱连接钢筋为2φ6@600，伸入墙内500mm；填充墙与结构梁下最后三皮砖空隙部位，在墙体砌筑7d后，采取两边对称斜砌填实；化学植筋连接筋φ6做拉拔试验时，将轴向受拉非破坏承载力检验值设为5.0kN，持荷时间2min，期间各检测结果符合相关要求，即判定该试样合格。

屋面防水层选用2mm厚的改性沥青防水卷材，铺贴顺序和方向按照平行于屋脊、上下层不得相互垂直等要求，采用热粘法施工。

项目部在对卫生间装修工程电气分部工程进行专项检查时发现，施工人员将卫生间内安装的金属管道、浴缸、淋浴器、暖气片等导体与等电位端子进行了连接，局部等电位联接排与各连接点使用截面积2.5mm²黄色标单根铜芯导线进行串联连接。对此，监理工程师提出了整改要求。

问题：

1．指出项目质量计划书编、审、批和确认手续的不妥之处。质量计划应用中，施工单位应建立的质量管理记录还有哪些？
2．指出填充墙与主体结构连接施工要求中的不妥之处，并写出正确做法。
3．屋面防水卷材铺贴方法还有哪些？屋面卷材防水铺贴顺序和方向要求还有哪些？
4．改正卫生间等电位连接中的错误做法。

答题区：

（四）

背景资料：

某住宅工程由7栋单体组成，地下2层，地上10～13层，总建筑面积11.5万 m^2。施工总承包单位中标后成立项目经理部组织施工。

项目总工程师编制了《临时用电组织设计》，其内容包括：总配电箱设在用电设备相对集中的区域；电缆直接埋地敷设，穿过临建设施时应设置警示标识进行保护，临时用电施工完成后，由编制和使用单位共同验收合格后方可使用；各类用电人员经考试合格后持证上岗工作；发现用电安全隐患，经电工排除后继续使用；维修临时用电设备由电工独立完成；临时用电定期检查按分部、分项工程进行。《临时用电组织设计》报企业技术部门批准后，上报监理单位。监理工程师认为《临时用电组织设计》存在不妥之处，要求修改完善后再报。

项目经理部结合各级政府新冠肺炎疫情防控工作政策编制了《绿色施工专项方案》。监理工程师审查时指出了不妥之处：

（1）生产经理是绿色施工组织实施第一责任人；
（2）施工工地内的生活区实施封闭管理；
（3）实行每日核酸检测；
（4）现场生活区采取灭鼠、灭蚊、灭蝇等措施，不定期投放和喷洒灭虫、消毒药物。

同时要求补充发现施工人员患有法定传染病时，施工单位采取的应对措施。

项目部在工程质量策划中，制定了分项工程过程质量检测试验计划，部分内容见表1。施工过程质量检测试验抽检频次依据质量控制需要等条件确定。

部分施工过程检测试验主要内容 表1

类别	检测试验项目	主要检测试验参数
地基与基础	桩基	
钢筋连接	机械连接现场检验	
混凝土	混凝土性能	同条件转标养强度
建筑节能	围护结构现场实体检验	外窗气密性能

对建筑节能工程围护结构子分部工程检查时，抽查了墙体节能分项工程中保温隔热材料复验报告。复验报告表明该批次酚醛泡沫塑料板的导热系数（热阻）等各项性能指标合格。

问题：

1. 写出《临时用电组织设计》内容与管理中不妥之处的正确做法。
2. 写出《绿色施工专项方案》中不妥之处的正确做法。施工人员患有法定传染病时施工单位应对措施有哪些？
3. 写出表中相关检测试验项目对应主要检测试验参数的名称（如混凝土性能：同条件转标养强度）。确定抽检频次的条件还有哪些？
4. 建筑节能工程中的围护结构子分部工程包含哪些分项工程？墙体保温隔热材料进场时需要复验的性能指标有哪些？

答题区：

考前第 2 套卷参考答案及解析

一、单项选择题

1. C	2. A	3. D	4. A	5. B
6. D	7. C	8. D	9. B	10. C
11. A	12. D	13. A	14. D	15. C
16. A	17. C	18. C	19. D	20. C

【解析】

1. C。为提高墙体抗震受剪承载力而设置的芯柱，宜在墙体内均匀布置，最大净距不宜大于 2.0m。

2. A。适用性是指在正常使用时，结构应具有良好的工作性能。

3. D。D 选项正确表述为"框架填充墙墙体厚度不应小于 90mm"。

4. A。国家标准规定，六大常用水泥的初凝时间均不得短于 45min，硅酸盐水泥的终凝时间不得长于 6.5h，其他五类常用水泥的终凝时间不得长于 10h。

5. B。与普通混凝土小型空心砌块相比，轻集料混凝土小型空心砌块密度较小、热工性能较好，但干缩值较大，使用时更容易产生裂缝，目前主要用于非承重的隔墙和围护墙。

6. D。着色玻璃不仅可以有效吸收太阳的辐射热，产生"冷室效应"，达到蔽热节能的效果，并使透过的阳光变得柔和，避免眩光，而且还能较强地吸收太阳的紫外线，有效地防止室内物品的褪色和变质，起到保持物品色泽鲜丽、经久不变，增加建筑物外形美观的作用。

7. C。验槽时应重点观察柱基、墙角、承重墙下或其他受力较大部位，如有异常部位，要会同勘察、设计等有关单位进行处理。

8. D。电渣压力焊适用于现浇钢筋混凝土结构中竖向或斜向（倾斜度在 4:1 范围内）钢筋的连接。

9. B。蒸压加气混凝土砌块的含水率宜小于 30%。

10. C。卷材防水层施工中，如设计无要求时，阴阳角等特殊部位铺设的卷材加强层宽度不应小于 500mm。

11. A。金属与石材幕墙的框架最常用的是钢管或钢型材框架，较少采用铝合金型材。

12. D。投标有效期从提交投标文件的截止之日起算。招标人应当确定投标人编制投标文件所需要的合理时间；但是，依法必须进行招标的项目，自招标文件开始发出之日起至投标人提交投标文件截止之日止，最短不得少于 20d。

13. A。单位工程施工组织设计的基本内容：编制依据、工程概况、施工部署、施工进度计划、施工准备与资源配置计划、主要施工方法、施工现场平面布置、主要施工管理计划等。

14. D。二级动火包括：（1）在具有一定危险因素的非禁火区域内进行临时焊、割等用火作业。（2）小型油箱等容器。（3）登高焊、割等用火作业。

13

15. C。施工现场所有用电设备必须有各自专用的开关箱。总配电箱（配电柜）中应加装总漏电保护器，作为初级漏电保护，末级漏电保护器必须装配在开关箱内。施工现场的动力用电和照明用电应形成两个用电回路，动力配电箱与照明配电箱应该分别设置。

16. A。固定单价可以调整的合同称为可调单价合同，一般适用于工期长、施工图不完整、施工过程中可能发生各种不可预见因素较多的工程项目。

17. C。超过一定规模的危险性较大的分部分项工程专项方案应当由施工单位组织召开专家论证会。实行施工总承包的，由施工总承包单位组织召开专家论证会。选项A、B、D都属于危险性较大的分部分项工程，选项C属于超过一定规模的危险性较大的分部分项工程。

18. C。混凝土分项工程原材料要求中，当在使用中对水泥质量有怀疑或水泥出厂超过3个月（快硬硅酸盐水泥超过一个月）时，应进行复验，并按复验结果使用。

19. D。结构实体检验应在监理工程师（建设单位项目专业技术负责人）见证下，由施工项目技术负责人组织实施。承担结构实体检验的试验室应具有相应的资质。

20. C。在进行施工测量时，经常要在地面上和空间设置一些给定高程的点。如图所示，设B为待测点，其设计高程为H_B，A为水准点，已知其高程为H_A。为了将设计高程H_B测定于B，安置水准仪于A、B之间，先在A点立尺，读得后视读数为a，然后在B点立尺。为了使B点的标高等于设计高程H_B，升高或降低B点上所立之尺，使前视尺之读数等于b，则$b=H_A+a-H_B$，因此$H_B=H_A+a-b$。

二、多项选择题

21. A、B、C 22. A、B、C、D 23. A、B、C、D 24. B、C、E 25. B、C、E
26. A、B、D 27. B、E 28. A、B、C、D、E 29. B、C、D 30. A、C、E

【解析】

21. A、B、C。砌体结构具有如下特点：（1）容易就地取材，比使用水泥、钢筋和木材造价低；（2）具有较好的耐久性、良好的耐火性；（3）保温隔热性能好，节能效果好；（4）施工方便，工艺简单；（5）具有承重与围护双重功能；（6）自重大，抗拉、抗剪、抗弯能力低；（7）抗震性能差；（8）砌筑工程量繁重，生产效率低。

22. A、B、C、D。影响砂浆稠度的因素有：所用胶凝材料种类及数量；用水量；掺合料的种类与数量；砂的形状、粗细与级配；外加剂的种类与掺量；搅拌时间。

23. A、B、C、D。3~5mm的净片玻璃一般直接用于有框门窗的采光。

24. B、C、E。轻骨料混凝土小型空心砌块或蒸压加气混凝土砌块如无切实有效措施，不得使用于下列部位或环境：建筑物防潮层以下墙体；长期浸水或化学侵蚀环境；砌块表面温度高于80℃的部位；长期处于有振动源环境的墙体。

25. B、C、E。浇筑过程中混凝土不得发生离析现象。当采用插入式振捣器振捣普通混凝土时，应快插慢拔，振捣器插入下层混凝土内的深度应不小于50mm。

26. A、B、D。吊顶工程应对下列隐蔽工程项目进行验收：
（1）吊顶内管道、设备的安装及水管试压，风管的严密性检验；
（2）木龙骨防火、防腐处理；

（3）埋件；
（4）吊杆安装；
（5）龙骨安装；
（6）填充材料的设置；
（7）反支撑及钢结构转换层。

27. B、E。高度超过24m的建筑工程，应保证消防水源充足，设置具有足够扬程的高压水泵，安装临时消防竖管，管径不得小于75mm，每层必须设消火栓口，并配备足够的水龙带。临时木工加工车间、油漆作业间等，每25m²应配置一个种类合适的灭火器。

28. A、C、D、E。聚苯板应粘贴牢固，不得有空鼓和松动，涂胶粘剂面积不得小于聚苯板面积的40%。

29. B、C、D。节能分部工程验收应由总监理工程师（建设单位项目负责人）主持，施工单位项目经理、项目技术负责人和相关专业的质量检查员、施工员参加；施工单位的质量或技术负责人应参加；设计单位节能设计人员应参加。

30. A、C、E。高强度大六角头螺栓连接副施拧可采用扭矩法或转角法。同一接头中，高强度螺栓连接副的初拧、复拧、终拧应在24h内完成。高强度螺栓连接副初拧、复拧和终拧原则上应从接头刚度较大的部位向约束较小的方向、螺栓群中央向四周的顺序进行。

三、实务操作和案例分析题

（一）

1. 招投标工作中的不妥之处和理由分别如下：
不妥1：投标人为本省具有施工总承包一级资质的企业。
理由：不得排斥（或不合理条件限制）潜在投标人。
不妥2：投标保证金500万元。
理由：不超投标总价的2%（或最高不超过50万元）。
不妥3：对投标人提出的疑问分别以书面形式对应回复给投标人。
理由：应以书面形式回复给所有（每个）的投标人。
不妥4：2018年5月28日确定中标单位。
理由：应在招标文件截止日起30天内确定中标单位。
（或：2018年4月15日起至2018年5月28日的期限超过了30天）
不妥5：工程质量标准为优良。
理由：与招标文件规定不相符（或不得签订背离合同实质性影响内容的其他协议）。

2. （1）因废弃泄洪沟减少土方挖运体积为：25×4×4=400.00m³。
（2）废沟混凝土拆除量为：泄洪沟外围体积-空洞体积
400-3.2×3.2×25=144.00m³
（3）工程签证金额为：拆除混凝土总价-土方体积总价（泄洪沟所占总价）
=144×520×（1+11.5%）-400×25×（1+11.5%）=72341.20元

3. （1）承包人不同意进行检测和承担损失的做法不正确。
（2）理由：因为双方签订的合同措施费中包括了检验试验费（或承包人应进行检测）。由于施工单位责任，承包人保管不善导致的损失，应由承包人承担对应的损失。

（3）承包人可获得 1 个月的保管费。
4. 承包人调整的综合单价调整方法不正确。
钢材的差价应直接在该综合单价上增减材料价差调整。
不应当调整综合单价中的人工费、机械费、管理费和利润。
该清单项目结算综合单价：
4443.84+（3500-2500）×（1+2%）=5463.84 元。
结算价款为：5463.84×250×（1+11.50%）=1523045.40 元。

（二）

1.（1）工程施工组织实施的方式分为：依次施工、平行施工、流水施工。
（2）工艺参数包括：施工过程和流水强度。
（3）时间参数：流水节拍、流水步距、流水施工工期。
2. ②~⑦进度延误一个月；⑥~⑧进度正常；⑤~⑧进度提前一个月。
3. 从第 9 月开始到工程结束的双代号网络计划图如图 3 所示。

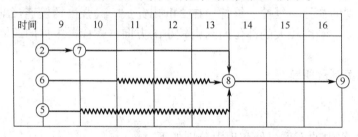

图 3　从第 9 月开始到工程结束的双代号网络计划

4.（1）主体结构验收工程实体还应具备的条件包括：
① 主体分部验收前，墙面上的施工孔洞须按规定镶堵密实，并作隐蔽工程验收记录。
② 弹出楼层标高线，并做醒目标志。
（2）施工单位应参与结构验收的人员还有：施工单位项目负责人、施工单位技术、质量部门负责人。

（三）

1.（1）不妥 1：项目质量计划书由项目技术负责人组织编写；
不妥 2：没有报发包方（甲方、建设单位），监理方（监理单位、监理工程师）认可。
（2）质量管理记录还有：施工日记、专项施工记录、交底记录、上岗培训记录和岗位资格证明。
2.（1）不妥之处 1：砌筑完后 7d。
应为：14d。
（2）不妥之处 2：@600。
应为：@500。
（3）不妥之处 3：伸入墙内 500mm。
应为：伸入墙内 1000mm。
（4）不妥之处 4：承载力检验值设为 5.0kN。

应为：6.0kN。

3.（1）卷材铺设方法还有：冷粘法、热熔法、自粘法、焊接法、机械固定法。
（2）铺贴顺序和方向要求还有：
卷材防水施工时，先细部处理，再由最低标高向上铺贴。
天沟卷材施工时，顺天沟方向铺贴，搭接缝顺流水方向。

4. 改正等电位连接错误之处：
单根铜芯，改为多股铜芯。
有黄色标线，改为黄绿色标线。
其截面积 $2.5mm^2$，改为 $4.0mm^2$。
进行串联连接，改为并联连接。

（四）

1.（1）不妥之处一：项目总工程师编制了《临时用电组织设计》。
正确做法：应由电气工程师编制《临时用电组织设计》。
（2）不妥之处二：总配电箱设在用电设备相对集中的区域。
正确做法：总配电箱应设在靠近进场电源的区域。
（3）不妥之处三：电缆直接埋地敷设，穿过临建设施时应设置警示标识进行保护。
正确做法：电缆直接埋地敷设，穿过临建设施时，应套钢管保护。
（4）不妥之处四：临时用电施工完成后，由编制和使用单位共同验收合格后方可使用。
正确做法：须经编制、审核、批准部门和使用单位共同验收合格后方可使用。
（5）不妥之处五：发现用电安全隐患，经电工排除后继续使用。
正确做法：用电安全隐患经电工排除后，经复查验收方可继续使用。
（6）不妥之处六：维修临时用电设备由电工独立完成。
正确做法：维修临时用电设备必须由电工完成，并应有人监护。
（7）不妥之处七：《临时用电组织设计》报企业技术部批准后，上报监理单位。
正确做法：《临时用电组织设计》应经具有法人资格企业的技术负责人批准。

2.《绿色施工专项方案》中不妥之处的正确做法如下：
（1）项目经理是绿色施工第一责任人。
（2）施工现场应实行封闭管理。
（3）每日测量体温。
（4）现场办公区和生活区定期投放和喷洒灭虫、消毒药物。
施工人员患有法定传染病时施工单位的应对措施：必须在2h内向施工现场所在地建设行政主管部门和卫生防疫部门进行报告；应及时进行隔离，并由卫生防疫部门进行处置。

3. 地基与基础，桩基对应的主要检测试验参数的名称包括：承载力、桩身完整性。
钢筋连接，机械连接现场检验对应的主要检测试验参数的名称包括：抗拉强度。
混凝土，混凝土性能对应的主要检测试验参数的名称除同条件转标养强度外，还包括：标准养护试件强度、同条件试件强度、抗渗性能。
建筑节能，围护结构现场实体检验对应的主要检测试验参数的名称还包括：外墙节能构造。
确定抽检频次的条件还有：施工流水段划分、工程量、施工环境。

4.（1）包括：墙体节能工程，幕墙节能工程，门窗节能工程，屋面节能工程，地面节能工程。

（2）墙体保温隔热材料进场时需要复验的性能指标包括：导热系数或热阻、密度、压缩强度或抗压强度、垂直于板面方向的抗拉强度、吸水率、燃烧性能（不燃材料除外）。

《建筑工程管理与实务》
考前第 3 套卷及解析

《建筑工程管理与实务》考前第 3 套卷

一、单项选择题（共 20 题，每题 1 分。每题的备选项中，只有 1 个最符合题意）

1. 下列不属于造成梁的正截面破坏因素的是（   ）。
   A．荷载形式　　　　　　　　　　B．混凝土强度等级
   C．截面形式　　　　　　　　　　D．正截面承载力

2. 主要承担剪力，在构造上还能固定受力钢筋的位置，以便绑扎成钢筋骨架的钢筋是（   ）。
   A．箍筋　　　　　　　　　　　　B．架立钢筋
   C．弯起钢筋　　　　　　　　　　D．纵向受力钢筋

3. 混凝土结构设计、施工质量控制和工程验收的重要依据是（   ）。
   A．混凝土强度等级　　　　　　　B．混凝土拌合物的和易性
   C．混凝土耐久性　　　　　　　　D．混凝土的凝结时间

4. 防水卷材中，广泛适用于工业与民用建筑的室内、屋面、地下防水工程的是（   ）。
   A．SBS、APP 改性沥青防水卷材　　B．聚乙烯丙纶（涤纶）防水卷材
   C．PVC、TPO 高分子防水卷材　　　D．自粘复合防水卷材

5. 通过保持一定数量的胶凝材料和掺合料，或采用较细砂并加大掺量，或掺入引气剂等，可改善砂浆（   ）。
   A．保水性　　　　　　　　　　　B．流动性
   C．抗冻性　　　　　　　　　　　D．黏聚性

6. 一般建筑工程，通常布设（   ）作为基础，开展建筑物轴线测量和细部放样等施工测量工作。
   A．轴线控制网　　　　　　　　　B．城市控制网
   C．施工控制网　　　　　　　　　D．高程控制网

7. 随着全站仪的普及，一般采用（   ）建立平面控制网。
   A．极坐标法　　　　　　　　　　B．角度前方交会法
   C．直角坐标法　　　　　　　　　D．距离交会法

8. 关于模板工程安装要点的说法，错误的是（   ）。
   A．模板安装应按设计与施工说明书顺序拼装
   B．竖向模板安装时，应在安装基层面上测量放线，并应采取保证模板位置准确的定位措施
   C．采用扣件式钢管作高大模板支架的立杆时，支架搭设应完整
   D．后浇带的模板及支架不应独立设置

9. 关于砖砌体施工，下列做法中，错误的是（   ）。
   A．砖应提前 1～2d 适度湿润，严禁采用干砖或处于吸水饱和状态的砖砌筑
   B．当采用铺浆法砌筑时，铺浆长度不得超过 750mm，施工期间气温超过 30℃时，铺浆长度不得超过 300mm

C．在砖砌体转角处、交接处应设置皮数杆，皮数杆间距不应大于 15m

D．240mm 厚承重墙的每层墙的最上一皮砖，砖砌体的阶台水平面上及挑出层的外皮砖，应整砖丁砌

10. 关于屋面防水的基本要求，表述错误的是（　　）。

A．屋面防水应以防为主，以排为辅

B．保温层上的找平层应在水泥初凝前压实抹平，并应留设分格缝，缝宽宜为 5～20mm

C．找平层设置的分格缝可兼作排汽道，排汽道的宽度宜为 30mm

D．涂膜防水层的胎体增强材料宜采用聚酯无纺布或化纤无纺布

11. 建筑地基基础工程雨期施工中，基坑坡顶做（　　）m 宽散水、挡水墙，四周做混凝土路面。

A．0.5 B．1.0
C．1.5 D．2.0

12. 对已浇筑完毕的混凝土采用自然养护，应在混凝土（　　）开始。

A．初凝前 B．终凝前
C．终凝后 D．强度达到 1.2N/mm² 以后

13. 在现场临时用水管理中，高度超过 24m 的建筑工程，应安装临时消防竖管，管径不得小于（　　）mm。

A．70 B．75
C．80 D．85

14. 施工过程质量控制中，砌筑砂浆搅拌后的稠度以（　　）mm 为宜，砌筑砂浆的稠度可根据块体吸水特性及气候条件确定。

A．20～30 B．30～60
C．50～80 D．30～90

15. 根据施工现场照明用电的要求，比较潮湿场所的照明，电源电压不得大于（　　）V。

A．12 B．24
C．36 D．220

16. 民用建筑工程验收时，应抽检有代表性的房间室内环境污染物浓度，检测数量不得少于（　　），并不得少于 3 间。

A．2% B．3%
C．4% D．5%

17. 建筑工程质量经有资质的检测机构检测鉴定达不到设计要求，但经（　　）核算认可能够满足安全和使用功能的检验批，可予以验收。

A．建设单位 B．原设计单位
C．勘察单位 D．监理单位

18. 通常基坑验槽主要采用的方法是（　　）。

A．观察法 B．钎探法
C．丈量法 D．轻型动力触探

19. 关于钢筋加工的说法，正确的是（　　）。

A．不得采用冷拉调直 B．不得采用喷砂除锈
C．不得反复弯折 D．不得采用手动液压切断下料

20. 地下室外墙卷材防水层施工做法中，正确的是（　　）。
    A．卷材防水层铺设在外墙的迎水面上
    B．卷材防水层铺设在外墙的背水面上
    C．外墙外侧卷材采用空铺法
    D．铺贴双层卷材时，两层卷材相互垂直

二、**多项选择题**（共 10 题，每题 2 分。每题的备选项中，有 2 个或 2 个以上符合题意，至少有 1 个错项。错选，本题不得分；少选，所选的每个选项得 0.5 分）

21. 关于多层砌体房屋的楼梯间构造要求，下列做法中正确的是（　　）。
    A．顶层楼梯间墙体应沿墙高每隔 400mm 设 $2\phi6$ 通长钢筋和 $\phi4$ 分布短钢筋平面内点焊组成的拉结网片或 $\phi4$ 点焊网片
    B．楼梯间及门厅内墙阳角处的大梁支承长度不应小于 500mm，并应与圈梁连接
    C．装配式楼梯段应与平台板的梁可靠连接，8、9 度时不应采用装配式楼梯段
    D．突出屋顶的楼梯间、电梯间，构造柱应伸到顶部，并与顶部圈梁连接
    E．装配式楼梯段不应采用墙中悬挑式踏步或踏步竖肋插入墙体的楼梯，不应采用无筋砖砌栏板

22. 钢筋混凝土柱中纵向钢筋的配置要求包括（　　）。
    A．纵向受力钢筋直径不宜小于 10mm
    B．柱中纵向钢筋的净间距不应小于 50mm，且不宜大于 200mm
    C．圆柱中纵向钢筋不宜少于 8 根，不应少于 6 根
    D．偏心受压柱的截面高度不小于 600mm 时，在柱的侧面上应设置直径不小于 10mm 的纵向构造钢筋，并相应设置复合箍筋或拉筋
    E．全部纵向钢筋的配筋率不宜大于 5%

23. 常用的水泥技术指标有（　　）。
    A．体积安定性　　　　　　　　B．凝结时间
    C．防火性能　　　　　　　　　D．硬化后空隙率
    E．强度及强度等级

24. 基坑降水应编制降水施工方案，其主要内容有（　　）。
    A．井点降水方法　　　　　　　B．井点管长度、构造和数量
    C．降水设备的型号和数量　　　D．井点系统布置图
    E．施工工期

25. 钢结构构件焊缝产生气孔的主要原因是（　　）。
    A．焊条药皮损坏严重　　　　　B．焊接电流过大
    C．母材有油污或锈和氧化物　　D．焊条和焊剂未烘烤
    E．焊接速度过慢

26. 框支承玻璃幕墙的安装中，关于密封胶嵌缝的做法，正确的有（　　）。
    A．硅酮耐候密封胶嵌缝前应将板缝清洁干净，并保持干燥
    B．密封胶的施工厚度应大于 4.5mm，一般控制在 5.5mm 以内
    C．密封胶的施工宽度不宜小于厚度的 3 倍
    D．不宜在夜晚、雨天打胶
    E．严禁使用过期的密封胶

27. 在单位工程施工过程中，如发生（　　）情况时，施工组织设计应及时进行修改或补充。
    A．工程设计有重大修改
    B．主要施工资源配置有重大调整
    C．主要施工方法有重大调整
    D．施工现场平面布置图有重大调整
    E．施工环境有重大改变

28. 桩基础工程施工中，静力压桩过程中应检查（　　）。
    A．平整度
    B．压力
    C．桩垂直度
    D．接桩间歇时间
    E．桩的连接质量及压入深度

29. 关于地面工程基层铺设的做法，正确的有（　　）。
    A．灰土垫层采用熟化石灰与黏土（或粉质黏土、粉土）的拌合料铺设
    B．三合土垫层采用石灰、碎石土与碎砖的拌合料铺设
    C．四合土垫层采用水泥、石灰、砂与碎砖的拌合料铺设
    D．炉渣垫层采用炉渣或水泥、石灰与炉渣的拌合料铺设
    E．水泥混凝土垫层铺设，当气温长期处于0℃以下，设计无要求时，垫层应设置伸缩缝

30. 关于建筑幕墙防火、防雷构造技术要求的说法，正确的有（　　）。
    A．防火层承托应采用厚度不小于1.5mm铝板
    B．防火密封胶应有法定检测机构的防火检验报告
    C．同一幕墙玻璃单元不应跨越两个防火分区
    D．在有镀膜层的构件上进行防雷连接不应破坏镀膜层
    E．幕墙的金属框架应与主体结构的防雷体系可靠连接

三、实务操作和案例分析题（共4题，每题20分）

（一）

背景资料：

某企业新建研发中心大楼工程，地下一层，地上十六层，总建筑面积 28000m²，基础为钢筋混凝土预制桩，二层以上为装配式混凝土结构，外墙装饰部分为玻璃幕墙，实行项目总承包管理。

在静压预制桩施工时，桩基专业分包单位按照"先深后浅，先大后小，先长后短，先密后疏"的顺序进行，上部采用卡扣式接桩方法，接头高出地面 0.8m。桩基施工后经检测，有 1% 的 Ⅱ 类桩。

项目部编制了包括材料采购等内容的材料质量控制环节，材料进场时，材料员等相关管理人员对进场材料进行了验收，并将包括材料的品种、型号和外观检查等内容的质量验证记录上报监理单位备案，监理单位认为，项目部上报的材料质量验证记录内容不全，要求补充后重新上报。

二层装配式叠合构件安装完毕准备浇筑混凝土时，监理工程师发现该部位没有进行隐蔽验收，下达了整改通知单，指出装配式结构叠合构件的钢筋工程必须按质量合格证明书的牌号、规格、数量、位置以及间距等隐蔽工程的内容分别验收合格后，再进行叠合构件的混凝土浇筑。

工程竣工验收后，参建各方按照合同约定及时整理了工程归档资料。幕墙承包单位在整理了工程资料后，移交了建设单位。项目总承包单位、监理单位、建设单位也分别将归档后的工程资料按照国家现行有关法规和标准进行了移交。

问题：

1. 桩基的沉桩顺序是否正确？卡扣式接桩高出地面 0.8m 是否妥当并说明理由？桩身的完整性有几类？写出 Ⅱ 类桩的缺陷特征。
2. 质量验证记录还有哪些内容？材料质量控制环节还有哪些内容？
3. 监理工程师对施工单位发出的整改通知单是否正确？补充叠合构件钢筋工程需进行隐蔽工程验收的内容。
4. 幕墙承包单位的工程资料移交程序是否正确？各相关单位的工程资料移交程序是哪些？

答题区：

（二）

背景资料：

某新建办公楼工程，地下二层，地上二十层，框架-剪力墙结构，建筑高度 87m。建设单位通过公开招标选定了施工总承包单位并签订了工程施工合同。基坑深 7.6m，基础底板施工计划网络图见图 1：

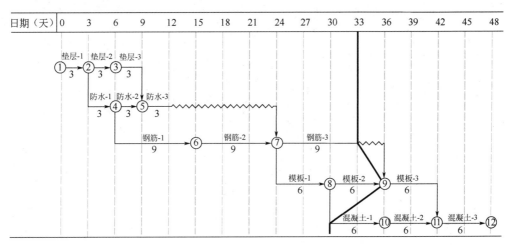

图 1 基础底板施工计划网络图

基坑施工前，基坑支护专业施工单位编制了基坑支护专项方案，履行相关审批签字手续后，组织包括总承包单位技术负责人在内的 5 名专家对该专项方案进行专家论证，总监理工程师提出专家论证组织不妥，要求整改。

项目部在施工至第 33 天时，对施工进度进行了检查，实际施工进度如网络图中实际进度前锋线所示，对进度有延误的工作采取了改进措施。

项目部对装饰装修工程门窗子分部进行过程验收中，检查了塑料门窗安装等各分项工程，并验收合格；检查了外窗气密性能等有关安全和功能检测项目合格报告，观感质量符合要求。

问题：

1. 指出基坑支护专项方案论证的不妥之处。应参加专家论证会的单位还有哪些？
2. 指出网络图中各施工工作的流水节拍。如采用成倍节拍流水施工，计算各施工工作专业队数量。
3. 进度计划监测检查方法还有哪些？写出第 33 天的实际进度检查结果。
4. 门窗子分部工程中还包括哪些分项工程？门窗工程有关安全和功能检测的项目还有哪些？

答题区：

（三）

背景资料：

某新建住宅楼工程，建筑面积 25000m², 装配式钢筋混凝土结构。建设单位编制了招标工程量清单等招标文件，其中部分条款内容为：本工程实行施工总承包模式，承包范围为土建、电气等全部工程内容，质量标准为合格，开工前业主向承包商支付合同工程造价的 25%作为预付备料款；保修金为总价的 3%。经公开招投标，某施工总承包单位以 12500 万元中标。其中工地总成本 9200 万元，公司管理费按 10%计，利润按 5%计，暂列金额 1000 万元。主要材料及构配件金额占合同额 70%。双方签订了工程施工总承包合同。

施工单位按照建设单位要求，通过专家论证，采用了一种新型预制钢筋混凝土剪力墙结构体系，致使实际工地总成本增加到 9500 万元。施工单位在工程结算时，对增加的费用进行了索赔。

项目检验试验由建设单位委托具有资质的检测机构负责，施工单位支付了相关费用，并向建设单位提出以下索赔事项：

（1）现场自建试验室费用超出预算费用 3.5 万元；
（2）新型钢筋混凝土预制剪力墙结构验证试验费 25 万元；
（3）新型钢筋混凝土剪力墙预制构件抽样检测费用 12 万元；
（4）预制钢筋混凝土剪力墙板破坏性试验费用 8 万元；
（5）施工企业采购的钢筋连接套筒抽检不合格而增加的检测费用 1.5 万元。

问题：

1. 施工总承包通常包括哪些工程内容？（如土建、电气）
2. 该工程预付备料款和起扣点分别是多少万元？（精确到小数点后两位）
3. 施工单位工地总成本增加，用总费用法分步计算索赔值是多少万元？（精确到小数点后两位）
4. 分别判断检测试验索赔事项的各项费用是否成立？（如 1 万元成立）

答题区：

（四）

背景资料：

某办公楼工程，地下2层，地上18层，框筒结构，地下建筑面积0.4万m^2，地上建筑面积2.1万m^2。某施工单位中标后，派赵佑项目经理组织施工。

施工至5层时，公司安全部叶军带队对该项目进行了定期安全检查，检查过程依据标准JGJ 59的相关内容进行，项目安全总监张帅也全过程参加，最终检查结果见表1。

某办公楼工程建筑施工安全检查评分汇总表　　表1

工程名称	建筑面积（万m^2）	结构类型	总计得分	检查项目内容及分值									
某办公楼	（A）	框筒结构	检查前总分(B)	安全管理10分	文明施工15分	脚手架10分	基坑工程10分	模板支架10分	高处作业10分	施工用电10分	外用电梯10分	塔吊10分	施工机具5分
			检查后得分(C)	8	12	8	7	8	8	9	—	8	4
评语：该项目安全检查总得分为（D）分，评定等级为（E）													
检查单位	公司安全部	负责人	叶军	受检单位	某办公楼项目部		项目负责人		（F）				

公司安全部门在年初的安全检查规划中按相关要求明确了对项目安全检查的主要形式，包括定期安全检查、开工、复工安全检查、季节性安全检查等，确保项目施工过程全覆盖。

进入夏季后，公司项目管理部对该项目的工人宿舍和食堂进行了检查，个别宿舍内床铺均为2层，住有18人，设置有生活用品专用柜；窗户为封闭式窗户，防止他人进入；通道的宽度为0.8m；食堂办理了卫生许可证，3名炊事人员均有身体健康证，上岗中符合个人卫生相关规定。检查后项目管理部对工人宿舍的不足提出了整改要求，并限期达标。

工程竣工后，根据合同要求相关部门对该工程进行绿色建筑评价。评价指标中，"生活便利"项分值相对较低；施工单位将该评分项"出行与无障碍"等4项指标进行了逐一分析，以便得到改善。评价分值见表2。

某办公楼工程绿色建筑评价分值　　表2

	控制项基本分值Q_0	评价指标及分值					提高与创新加分得分Q_A
		安全耐久Q_1	健康舒适Q_2	生活便利Q_3	资源节约Q_4	环境宜居Q_5	
评价分值	400	90	80	75	80	80	120

问题：

1. 写出表1中A到F所对应的内容（如：A：*万m^2）。施工安全评定结论分几个等级？最终评价的依据有哪些？
2. 建筑工程施工安全检查还有哪些形式？
3. 指出工人宿舍管理的不妥之处并改正。在炊事人员上岗期间，从个人卫生角度还有哪些具体管理规定？
4. 列式计算该工程绿色建筑评价总得分Q。该建筑属于哪个等级？还有哪些等级？"生活便利"评分项还有哪些指标？

答题区：

考前第3套卷参考答案及解析

一、单项选择题

1. A	2. A	3. A	4. D	5. A
6. C	7. A	8. D	9. B	10. C
11. C	12. B	13. B	14. D	15. C
16. D	17. B	18. A	19. C	20. A

【解析】

1. A。梁的正截面破坏形式与配筋率、混凝土强度等级、截面形式等有关，影响最大的是配筋率。

2. A。箍筋主要是承担剪力的，在构造上还能固定受力钢筋的位置，以便绑扎成钢筋骨架。

3. A。混凝土强度等级是混凝土结构设计、施工质量控制和工程验收的重要依据。

4. D。自粘复合防水卷材广泛用于工业与民用建筑的室内、屋面、地下防水工程。

5. A。通过保持一定数量的胶凝材料和掺合料，或采用较细砂并加大掺量，或掺入引气剂等，可改善砂浆保水性。

6. C。一般建筑工程，通常先布设施工控制网，再以施工控制网为基础，开展建筑物轴线测量和细部放样等施工测量工作。

7. A。随着全站仪的普及，一般采用极坐标法建立平面控制网。

8. D。D选项的表述错误。模板工程安装时，后浇带的模板及支架应独立设置。

9. B。当采用铺浆法砌筑时，铺浆长度不得超过750mm，施工期间气温超过30℃时，铺浆长度不得超过500mm。

10. C。找平层设置的分格缝可兼作排汽道，排汽道的宽度宜为40mm。

11. C。建筑地基基础工程雨期施工中，基坑坡顶做1.5m宽散水、挡水墙，四周做混凝土路面。

12. B。混凝土的养护方法有自然养护和加热养护两大类。现场施工一般为自然养护。自然养护又可分覆盖浇水养护、薄膜布养护和养护液养护等。对已浇筑完毕的混凝土，应在混凝土终凝前（通常为混凝土浇筑完毕后8～12h内），开始进行自然养护。

13. B。高度超过24m的建筑工程，应安装临时消防竖管，管径不得小于75mm，严禁消防竖管作为施工用水管线。

14. D。砌筑砂浆搅拌后的稠度以30～90mm为宜，砌筑砂浆的稠度可根据块体吸水特性及气候条件确定。

15. C。隧道、人防工程、高温、有导电灰尘、比较潮湿或灯具离地面高度低于2.5m等场所的照明，电源电压不得大于36V。

16. D。民用建筑工程验收时，应抽检有代表性的房间室内环境污染物浓度，检测数量不得少于5%，并不得少于3间。房间总数少于3间时，应全数检测。

17. B。建筑工程质量经有资质的检测机构检测鉴定达不到设计要求,但经原设计单位核算认可能够满足安全和使用功能的检验批,可予以验收。

18. A。验槽方法通常主要采用观察法,而对于基底以下的土层不可见部位,要先辅以钎探法配合共同完成。

19. C。钢筋弯折一次完成,不得反复弯折。

20. A。卷材防水层应铺设在混凝土结构的迎水面上。结构底板垫层混凝土部位的卷材可采用空铺法或点粘法施工,侧墙采用外防外贴法的卷材及顶板部位的卷材应采用满粘法施工。铺贴双层卷材时,两层卷材不得相互垂直铺贴。

二、多项选择题

21. B、C、D、E 22. C、D、E   23. A、B、E   24. A、B、C、D 25. A、C、D
26. A、D、E   27. A、B、C、E 28. B、C、D、E 29. A、C、D、E 30. B、C、E

【解析】

21. B、C、D、E。顶层楼梯间墙体应沿墙高每隔500mm设2ϕ6通长钢筋和ϕ4分布短钢筋平面内点焊组成的拉结网片或ϕ4点焊网片。

22. C、D、E。A选项正确表述为"纵向受力钢筋直径不宜小于12mm";B选项应为"柱中纵向钢筋的净间距不应小于50mm,且不宜大于300mm"。

23. A、B、E。常用水泥的技术要求包括:凝结时间、体积安定性、强度及强度等级、其他技术要求,其他技术要求包括标准稠度用水量、水泥的细度及化学指标。

24. A、B、C、D。基坑降水应编制降水施工方案,其主要内容为:井点降水方法;井点管长度、构造和数量;降水设备的型号和数量;井点系统布置图;井孔施工方法及设备;质量和安全技术措施;降水对周围环境影响的估计及预防措施等。

25. A、C、D。产生气孔的主要原因是焊条药皮损坏严重、焊条和焊剂未烘烤、母材有油污或锈和氧化物、焊接电流过小、弧长过长、焊接速度太快等。

26. A、D、E。密封胶的施工厚度应大于3.5mm,一般控制在4.5mm以内。密封胶的施工宽度不宜小于厚度的2倍。

27. A、B、C、E。项目施工过程中,如发生以下情况之一时,施工组织设计应及时进行修改或补充:(1)工程设计有重大修改;(2)有关法律、法规、规范和标准实施、修订和废止;(3)主要施工方法有重大调整;(4)主要施工资源配置有重大调整;(5)施工环境有重大改变。经修改或补充的施工组织设计应重新审批后才能实施。

28. B、C、D、E。压桩过程中应检查压力、桩垂直度、接桩间歇时间、桩的连接质量及压入深度,重要工程应对电焊接桩的接头进行探伤检查;对承受反力的结构应加强观测。施工结束后应进行桩的承载力检验。

29. A、C、D、E。三合土垫层采用石灰、砂(可掺入少量黏土)与碎砖的拌合料铺设,其厚度不应小于100mm。

30. B、C、E。A选项错误,应采用厚度不小于1.5mm的镀锌钢板承托,不得采用铝板。D选项错误,应除去其镀膜层。

三、实务操作和案例分析题

（一）

1. 沉桩顺序正确。

卡扣式接桩高出地面 0.8m 不妥当。

理由：应高出地面 1～1.5m（在此范围内均得分）。

桩身的完整性有 4（四、Ⅳ）类。

Ⅱ类桩的缺陷特征是：桩身有轻微缺陷，不影响承载力的正常发挥。

2. 材料质量验证记录还有：材料规格、见证取样和合格证（检测报告）。

建筑材料质量控制的环节还有：材料的进场试验检验（复检）、过程保管（存放、存储）、材料使用。

3. 监理工程师下达的整改通知单正确。

钢筋工程需进行隐蔽工程验收的内容还有：

钢筋箍筋弯钩角度及平直段长度、连接方式、接头数量、接头位置、接头面积的百分比率、搭接长度、锚固方式、锚固长度及预埋件。

4. 幕墙承包单位的工程资料移交程序不正确。

各相关单位的工程资料移交程序是：

专业承包（幕墙）单位向施工总承包单位移交。

总承包（施工）单位向建设单位移交。

监理单位向建设单位移交。

建设单位向城建档案管理部门（档案馆）移交。

（二）

1. 不妥 1：基坑支护专业施工单位组织专家论证。

不妥 2：包括总承包单位技术负责人在内的 5 名专家。

参会单位还有：建设单位、勘察单位、设计单位。

2. （1）流水节拍分别为 3，3，9，6，6。

（2）各施工专业队数量如下：

垫层施工专业队=3/3=1。

防水施工专业队=3/3=1。

钢筋施工专业队=9/3=3。

模板施工专业队=6/3=2。

混凝土施工专业队=6/3=2。

3. （1）方法还有：横道计划比较法、网络计划法、S 形曲线法、香蕉型曲线法。

（2）实际进度：钢筋-3 正常，模板-2 提前 3 天，混凝土-1 延误 3 天。

4. （1）还包括：木门窗安装、金属门窗安装、特种门安装和门窗玻璃安装。

（2）检测项目还有水密性能、抗风压性能。

（三）

1. 施工总承包施工内容通常包括土建、电气、给水排水、供暖、消防、燃气、机电安装、园林景观及室外管网等全部或部分。

2. 预付备料款=（12500-1000）×25%=2875.00 万元。
起扣点=（12500-1000）-2875÷70%=7392.86 万元。

3. 总成本增加：9500-9200=300.00 万元；
公司管理费增加：总成本增量×10%=300×10%=30.00 万元；
利润增加：（300+30）×5%=16.50 万元；
索赔值：300+30+16.5=346.50 万元。

4.（1）3.5 万元不成立；（2）25 万元成立；（3）12 万元成立；（4）8 万元成立；（5）1.5 万元不成立。

（四）

1. A：2.5 万 m^2；B：90 分；C：80 分；D：80 分；E：优良；F：赵佑。
安全评定结论分 3（三）个等级。
最终评价的依据是：汇总表得分（或总分）和保证项目达标情况。

2. 还有的形式：
日常巡查、专项检查、经常性安全检查、节假日安全检查、专业性安全检查、设备安全验收检查、设施安全验收检查。

3.（1）不妥 1：窗户为封闭式窗户；正确做法：应为开启式窗户。
不妥 2：通道宽度 0.8m；正确做法：应不小于 0.9m（900mm）。
不妥 3：每间住有 18 人；正确做法：应每间不超过 16 人。
（2）对炊事人员上岗期间个人卫生具体管理规定：
穿戴洁净的工作服、工作帽、口罩、不得穿工作服出食堂、勤洗手。

4. 该工程绿色建筑评价总得分 Q：

$Q=（Q_0+Q_1+Q_2+Q_3+Q_4+Q_5+Q_A）/10$

$=（400+90+80+75+80+80+100）/10$

$=90.5$ 分

该建筑属于：三星级；还有：基本级、一星级、二星级。
"生活便利"评分项指标还有：服务设施、智慧运行、物业管理。

《建筑工程管理与实务》
考前第 1 套卷及解析

《建筑工程管理与实务》考前第1套卷

一、单项选择题（共20题，每题1分。每题的备选项中，只有1个最符合题意）

1. 关于框架结构中梁端加密区的箍筋肢距，下列说法中，错误的是（   ）。
   A．一级不宜大于200mm和20倍箍筋直径的较大值
   B．二级不宜大于250mm和20倍箍筋直径的较大值
   C．四级不宜大于300mm
   D．三级不宜大于200mm和20倍箍筋直径的较大值

2. 某建筑物，在2层堆满沙子，按荷载作用面分类，该建筑物2层楼面上分布的荷载是（   ）。
   A．分散荷载　　　　　　　　　　B．线荷载
   C．集中荷载　　　　　　　　　　D．均布面荷载

3. 砌体结构施工中，预制钢筋混凝土板在混凝土圈梁上的支承长度不应小于（   ）mm，板端伸出的钢筋应与圈梁可靠连接，且同时浇筑。
   A．50　　　　　　　　　　　　　B．60
   C．70　　　　　　　　　　　　　D．80

4. 主要用于钢筋混凝土结构和预应力钢筋混凝土结构的钢材品种是（   ）。
   A．热轧钢筋　　　　　　　　　　B．热处理钢筋
   C．钢丝　　　　　　　　　　　　D．钢绞线

5. 下列混凝土外加剂中，（   ）适用于抗冻、防渗、抗硫酸盐、泌水严重的混凝土等。
   A．引气剂　　　　　　　　　　　B．膨胀剂
   C．早强剂　　　　　　　　　　　D．防冻剂

6. 下列地板中，（   ）的规格尺寸大、花色品种较多、铺设整体效果好、色泽均匀、视觉效果好。
   A．浸渍纸层压木质地板　　　　　B．软木地板
   C．细木工板复合实木地板　　　　D．条木地板

7. 关于土方开挖，下列说法错误的是（   ）。
   A．盆式挖土是先开挖基坑中间部分的土体，周围四边留土坡，土坡最后挖除
   B．当基坑开挖深度不大、周围环境允许，可采用放坡开挖
   C．中心岛式挖土缺点是大量的土方不能直接外运，需集中提升后装车外运
   D．基坑周围地面应进行防水、排水处理，严防雨水等地面水浸入基坑周边土体

8. 钢筋混凝土结构中，板、次梁与主梁交叉处，当无圈梁或垫梁时，钢筋安装位置正确的是（   ）。
   A．板钢筋在下，次梁钢筋居中，主梁钢筋在上
   B．板钢筋在上，次梁钢筋居中，主梁钢筋在下
   C．次梁钢筋在上，板钢筋居中，主梁钢筋在下
   D．次梁钢筋在下，板钢筋居中，主梁钢筋在上

9. 根据地面工程施工的技术要求，水泥混凝土散水、明沟，应设置伸缩缝，其延长间距不得大于（　　）m。
   A. 8　　　　　　　　　　　　　　B. 10
   C. 12　　　　　　　　　　　　　 D. 15

10. 厕浴间和有防水要求的建筑地面必须设置防水隔离层。楼板四周除门洞外应做混凝土翻边，高度不应小于（　　）mm。
    A. 100　　　　　　　　　　　　　B. 500
    C. 300　　　　　　　　　　　　　D. 200

11. 拆除跨度为 7m 的现浇钢筋混凝土梁的底模及支架时，其混凝土强度至少应达到混凝土设计抗压强度标准值的（　　）。
    A. 50%　　　　　　　　　　　　　B. 75%
    C. 85%　　　　　　　　　　　　　D. 100%

12. 在具有一定危险因素的非禁火区域内进行临时焊、割等用火作业，属于（　　）作业。
    A. 一级动火　　　　　　　　　　　B. 三级动火
    C. 二级动火　　　　　　　　　　　D. 四级动火

13. 下列关于砌体结构工程施工质量控制的说法，正确的是（　　）。
    A. 砌筑砂浆搅拌后的稠度以 20~60mm 为宜
    B. 水平灰缝厚度和竖向灰缝宽度宜为 15mm
    C. 砌筑砖砌体时，砖应提前 1~2d 浇水湿润
    D. 砌筑外墙时，必须留脚手眼，必要时可采用里脚手或双排外脚手

14. 关于外用电梯安全控制的说法，正确的是（　　）。
    A. 外用电梯由有相应资质的专业队伍安装完成后经监理验收合格即可投入使用
    B. 外用电梯底笼周围 2.5m 范围内必须设置牢固的防护栏杆
    C. 外用电梯与各层站过桥和运输通道进出口处应设常开型防护门
    D. 7 级大风天气时，在项目经理指导下使用外用电梯

15. 下列不属于建设单位办理工程竣工验收备案应当提交文件的是（　　）。
    A. 工程竣工验收备案表
    B. 工程竣工验收报告
    C. 法规、规章规定必须提供的其他文件
    D. 工程竣工的保修单和发票

16. 根据钢结构焊接工程的一般规定，碳素结构钢应在焊缝冷却到环境温度、低合金结构钢应在完成焊接（　　）h 以后，进行焊缝探伤检验。
    A. 1　　　　　　　　　　　　　　B. 12
    C. 24　　　　　　　　　　　　　 D. 36

17. 影响悬臂梁端部位移最大的因素是（　　）。
    A. 荷载　　　　　　　　　　　　　B. 材料性能
    C. 构件的截面　　　　　　　　　　D. 构件的跨度

18. 关于土方回填施工工艺的说法，错误的是（　　）。
    A. 土料应尽量采用同类土　　　　　B. 应从场地最低处开始回填
    C. 应在相对两侧对称回填　　　　　D. 虚铺厚度根据含水量确定

19. 全玻幕墙面板与玻璃肋的连结用胶应采用（　　）。
    A．硅酮耐候密封胶　　　　　　　　B．环氧胶
    C．丁基热熔密封胶　　　　　　　　D．硅酮结构密封胶

20. 关于装配式混凝土结构工程施工的说法，正确的是（　　）。
    A．预制构件生产宜建立首件验收制度
    B．外墙板宜采用立式运输，外饰面层应朝内
    C．预制楼板、阳台板宜立放
    D．吊索水平夹角不应小于30°

二、多项选择题（共10题，每题2分。每题的备选项中，有2个或2个以上符合题意，至少有1个错项。错选，本题不得分；少选，所选的每个选项得0.5分）

21. 梁的正截面破坏形式与（　　）等有关。
    A．配筋率　　　　　　　　　　　　B．截面尺寸
    C．混凝土强度等级　　　　　　　　D．荷载形式
    E．截面形式

22. 关于人造木板的特性及应用的说法，正确的是（　　）。
    A．纤维板构造均匀，完全克服了木材的各种缺陷，不易变形、翘曲和开裂
    B．软质纤维板可代替木材用于室内墙面、顶棚等
    C．刨花板可用于保温、吸声或室内装饰等
    D．细木工板除可用作表面装饰外，也可直接兼作构造材料
    E．硬质纤维板可用作保温、吸声材料

23. 下列关于建筑工程中常用外加剂应用的说法，正确的有（　　）。
    A．混凝土中掺入减水剂，若不减少拌合用水量，能显著提高拌合物的流动性
    B．速凝剂可加速混凝土硬化和早期强度发展，缩短养护周期，加快施工进度，提高模板周转率
    C．早强剂多用于冬期施工或紧急抢修工程
    D．缓凝剂不宜用于日最低气温10℃以下施工的混凝土
    E．引气剂是在搅拌混凝土过程中能引入大量均匀分布、稳定而封闭的微小气泡的外加剂

24. 关于混凝土施工缝留置位置的做法，正确的有（　　）。
    A．柱的施工缝可留设在基础、楼层结构顶面
    B．楼梯的施工缝留置在过梁跨中1/3范围内
    C．单向板留置在平行于板的长边位置
    D．有主次梁的楼板垂直施工缝留置在次梁跨中1/3范围内
    E．留置在易施工的位置

25. 下列关于防水混凝土施工的叙述，正确的是（　　）。
    A．防水混凝土胶凝材料总用量不宜小于260kg/m³
    B．预拌混凝土的初凝时间宜为6～8h
    C．防水混凝土应分层连续浇筑，分层厚度不得大于500mm
    D．防水混凝土应连续浇筑，不宜留施工缝
    E．用于防水混凝土的水泥品种宜采用硅酸盐水泥、普通硅酸盐水泥

26. 关于钢结构工程雨期施工要求的说法，正确的是（　　）。
    A．高强度螺栓、焊条、焊丝、涂料等材料应在干燥、封闭环境下储存
    B．焊接作业区的相对湿度不大于70%
    C．雨天构件不能进行涂刷工作，涂装后3h内不得雨淋
    D．吊装时，构件上如有积水，安装前应清除干净，但不得损伤涂层
    E．雨天及三级（含）以上大风不能进行屋面保温的施工

27. 影响模板钢管支架整体稳定性的主要因素包括（　　）。
    A．立杆间距
    B．立杆的接长
    C．水平杆的步距
    D．扣件的连接
    E．立杆的步距

28. 下列脚手架工程中，属于超过一定规模的危险性较大的分部分项工程的是（　　）。
    A．搭设高度50m及以上落地式钢管脚手架工程
    B．提升高度150m及以上附着式升降脚手架工程或附着式升降操作平台工程
    C．搭设高度50m以下的钢管脚手架工程
    D．架体高度20m及以上悬挑式脚手架工程
    E．架体高度20m以下的悬挑式脚手架工程

29. 用于检查结构构件混凝土强度的试件，应在混凝土的浇筑地点随机抽取。取样与试件留置应符合的规定包括（　　）。
    A．每一楼层、同一配合比的混凝土，取样不得少于一次
    B．每工作班拌制的同一配合比混凝土不足500盘时，取样不得少于一次
    C．每拌制100盘且不超过100m³同配合比的混凝土，取样不得少于一次
    D．每次取样至少留置一组标准养护试件，同条件养护试件留置组数根据实际需要确定
    E．当一次连续浇筑超过2000m³时，同一配合比的混凝土每100m³取样不得少于一次

30. 下列关于防水混凝土施工缝留置技术要求的说法中，正确的有（　　）。
    A．墙体水平施工缝应留在高出底板表面不小于300mm的墙体上
    B．拱（板）墙结合的水平施工缝，宜留在拱（板）墙接缝线以下150～300mm处
    C．墙体有预留孔洞时，施工缝距孔洞边缘不应小于300mm
    D．垂直施工缝应避开变形缝
    E．垂直施工缝应避开地下水和裂隙水较多的地段

三、实务操作和案例分析题（共4题，每题20分）

（一）

背景资料：

某新建住宅群体工程，包含10栋装配式高层住宅，5栋现浇框架小高层公寓，1栋社区活动中心及地下车库，总建筑面积31.5万 m^2。开发商通过邀请招标确定甲公司为总承包施工单位。

开工前，项目部综合工程设计、合同条件、现场场地分区移交、陆续开工等因素编制本工程施工组织总设计，其中施工进度总计划在项目经理领导下编制，编制过程中，项目经理发现该计划编制说明中仅有编制的依据，未体现计划编制应考虑的其他要素，要求编制人员补充。

社区活动中心开工后，由项目技术负责人组织专业工程师根据施工进度总计划编制社区活动中心施工进度计划，内部评审中项目经理提出C、G、J工作由于特殊工艺共同租赁一台施工机具，在工作B、E按计划完成的前提下，考虑该机具租赁费用较高，尽量连续施工，要求对进度计划进行调整。经调整，最终形成既满足工期要求又经济可行的进度计划。社区活动中心调整后的部分施工进度计划见图1。

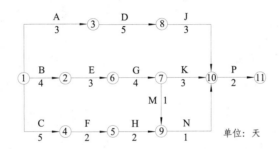

图1 社区活动中心施工进度计划（部分）

公司对项目部进行月度生产检查时发现，因连续小雨影响，D工作实际进度较计划进度滞后2天，要求项目部在分析原因的基础上制定进度事后控制措施。

本工程完成全部结构施工内容后，在主体结构验收前，项目部制定了结构实体检验专项方案，委托具有相应资质的检测单位在监理单位见证下对涉及混凝土结构安全的有代表性的部位进行钢筋保护层厚度等检测，检测项目全部合格。

问题：

1. 指出背景资料中施工进度计划编制中的不妥之处。施工进度总计划编制说明还包含哪些内容？
2. 列出图1调整后有变化的逻辑关系（以工作节点表示，如：①——▶②或②--▶③）。计算调整后的总工期，列出关键线路（以工作名称表示，如：A→D）。
3. 按照施工进度事后控制要求，社区活动中心应采取的措施有哪些？
4. 主体结构混凝土子分部包含哪些分项工程？结构实体检验还应包含哪些检测项目？

答题区：

（二）

背景资料：

某工程项目经理部为贯彻落实《住房和城乡建设部等部门关于加快培育新时代建筑产业工人队伍的指导意见》要求，在项目劳动用工管理中做了以下工作：

（1）要求分包单位与招用的建筑工人签订劳务合同；

（2）总包对农民工工资支付工作负总责，要求分包单位做好农民工工资发放工作；

（3）改善工人生活区居住环境，在集中生活区配套了食堂等必要生活设施，开展物业化管理。

项目经理部编制的《屋面工程施工方案》中规定：

（1）工程采用倒置式屋面，屋面构造层包括防水层、保温层、找平层、找坡层、隔离层、结构层和保护层。构造示意图见图2。

（2）防水层施工完成后进行雨后观察或淋水、蓄水试验，持续时间应符合规范要求，合格后再进行隔离层施工。

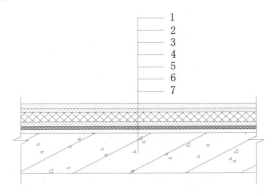

图2 倒置式屋面构造示意图（部分）

问题：

1. 指出项目劳动用工管理工作中不妥之处，并写出正确做法。

2. 为改善工人生活区居住环境，在一定规模的集中生活区应配套的必要生活机构设施有哪些？（如食堂）

3. 常用屋面隔离层材料有哪些？屋面防水层淋水、蓄水试验持续时间各是多少小时？

4. 写出图2中屋面构造层1~7对应的名称。

答题区：

（三）

背景资料：

某高级住宅工程，建筑面积 80000m²，由 3 栋塔楼组成，地下 2 层（含车库），地上 28 层，底板厚度 800mm，由 A 施工总承包单位承建。合同约定工程最终达到绿色建筑评价二星级。

工程开始施工正值冬季，A 施工单位项目部编制了冬期施工专项方案。根据当地资源和气候情况对底板混凝土的养护采用综合蓄热法，对底板混凝土的测温方案和温差控制、温降梯度及混凝土养护时间提出了控制指标要求。

项目部制定了项目风险管理制度和应对负面风险的措施。规范了包括风险识别、风险应对等风险管理程序的管理流程；制定了向保险公司投保的风险转移等措施，达到了应对负面风险管理的目的。

施工中，施工员对气割作业人员进行安全作业交底，主要内容有：气瓶要防止暴晒；气瓶在楼层内滚动时应设置防震圈；严禁用带油的手套开气瓶。切割时，氧气瓶和乙炔瓶的放置距离不得小于 5m；气瓶离明火的距离不得小于 8m；作业点离易燃物的距离不小于 20m；气瓶内的气体应尽量用完，减少浪费。

工程验收竣工投入使用一年后，相关部门对该工程进行绿色建筑评价，按照评价体系各类指标评价结果为：各类指标的控制项均满足要求，评分项得分均在 42 分以上，工程绿色建筑评价总得分 65 分，评定为二星级。

问题：

1. 冬期施工混凝土养护方法还有哪些？对底板混凝土养护中温差控制、温降梯度、养护时间应提出的控制指标是什么？
2. 项目风险管理程序还有哪些？应对负面风险的措施还有哪些？
3. 指出施工员安全作业交底中的不妥之处，并写出正确做法。
4. 绿色建筑运行评价指标体系中的指标共有几类？不参与设计评价的指标有哪些？绿色建筑评价各等级的评价总得分标准是多少分？

答题区：

(四)

背景资料:

某新建仓储工程,建筑面积 8000m²,地下 1 层,地上 1 层,采用钢筋混凝土筏板基础,建筑高度 12m;地下室为钢筋混凝土框架结构,地上部分为钢结构;筏板基础混凝土等级为 C30,内配双层钢筋网、主筋为螺纹钢。基础筏板下三七灰土夯实,无混凝土垫层。

施工单位安全生产管理部门在安全文明施工巡检时,发现工程告示牌及含施工总平面布置图的五牌一图布置在了现场主入口处围墙外侧,即要求项目部将五牌一图布置在主入口内侧。

项目部制定的基础筏板钢筋施工技术方案中规定:钢筋保护层厚度控制在 40mm;主筋通过直螺纹连接接长,钢筋交叉点按照相隔交错扎牢,绑扎点的钢丝扣绑扎方向要求一致;上、下层钢筋网之间拉勾要绑扎牢固,以保证上、下层钢筋网相对位置准确。监理工程师审查后认为有些规定不妥,要求改正。

屋面梁安装过程中,发生两名施工人员高处坠落事故,一人死亡。当地人民政府接到事故报告后,按照事故调查规定组织安全生产监督管理部门、公安机关等相关部门指派的人员和 2 名专家组成事故调查组。调查组检查了项目部制定的项目施工安全检查制度,其中规定了项目经理至少每旬组织开展一次定期安全检查,专职安全人员每天进行巡视检查。调查组认为项目部经常性安全检查制度规定内容不全,要求完善。

问题:

1. 五牌一图还应包括哪些内容?
2. 写出基础筏板钢筋技术方案中的不妥之处,并分别说明理由。
3. 判断此次高处坠落事故等级。事故调查组还应有哪些单位或部门指派人员参加?
4. 项目部经常性安全检查的方式还应有哪些?

答题区：

考前第1套卷参考答案及解析

一、单项选择题

1. D	2. D	3. D	4. A	5. A
6. A	7. C	8. B	9. B	10. D
11. B	12. C	13. C	14. B	15. D
16. C	17. D	18. D	19. D	20. A

【解析】

1. D。D选项中"三级不宜大于200mm和20倍箍筋直径的较大值"表述错误，正确表述为"三级不宜大于250mm和20倍箍筋直径的较大值"。

2. D。建筑物楼面或墙面上分布的荷载，如铺设的木地板、地砖、花岗石或大理石面层等重量引起的荷载，都属于均布面荷载。

3. D。预制钢筋混凝土板在混凝土圈梁上的支承长度不应小于80mm，板端伸出的钢筋应与圈梁可靠连接，且同时浇筑。

4. A。热轧钢筋是建筑工程中用量最大的钢材品种之一，主要用于钢筋混凝土结构和预应力钢筋混凝土结构的配筋。

5. A。由于大量微气泡的存在，混凝土的抗压强度会有所降低。引气剂适用于抗冻、防渗、抗硫酸盐、泌水严重的混凝土等。

6. A。浸渍纸层压木质地板规格尺寸大、花色品种较多、铺设整体效果好、色泽均匀，视觉效果好；表面耐磨性高，有较高的阻燃性能，耐污染腐蚀能力强，抗压、抗冲击性能好。

7. C。盆式挖土的缺点是大量的土方不能直接外运，需集中提升后装车外运。

8. B。板、次梁与主梁交叉处，板的钢筋在上，次梁的钢筋居中，主梁的钢筋在下；当有圈梁或垫梁时，主梁的钢筋在上。

9. B。水泥混凝土散水、明沟，应设置伸缩缝，其间距不得大于10m。

10. D。楼板四周除门洞外应做混凝土翻边，高度不应小于200mm。

11. B。构件跨度≤8m的梁、拱、壳达到设计的混凝土立方体抗压强度标准值的百分率为≥75%。

12. C。在具有一定危险因素的非禁火区域内进行临时焊、割等用火作业，此种情况为二级动火。

13. C。砌筑砂浆搅拌后的稠度以30~90mm为宜；砖砌体的灰缝应横平竖直，厚薄均匀。水平灰缝厚度和竖向灰缝宽度宜为10mm，但不应小于8mm，也不应大于12mm。砌筑外墙时，不得留脚手眼，可采用里脚手或双排外脚手。

14. B。外用电梯的安装和拆卸作业必须由取得相应资质的专业队伍进行，安装完毕经验收合格，取得政府相关主管部门核发的《准用证》后方可投入使用。外用电梯与各层站过桥和运输通道，除应在两侧设置安全防护栏杆、挡脚板并用安全立网封闭外，进出口处尚应设置常闭型的防护门。外用电梯在大雨、大雾和六级及六级以上大风天气时，应停止使用。暴风雨过后，应组织对电梯各有关安全装置进行一次全面检查。

15. D。建设单位办理工程竣工验收备案应当提交的文件包括工程竣工验收备案表、工程竣工验收报告，法律、行政法规规定应当由规划、环保等部门出具的认可文件或者准许使用文件，法律规定应当由公安消防部门出具的对大型的人员密集场所和其他特殊建设工程验收合格的证明文件、施工单位签署的工程质量保修书和法规、规章规定必须提供的其他文件。

16. C。碳素结构钢应在焊缝冷却到环境温度、低合金结构钢应在完成焊接 24h 以后，进行焊缝探伤检验。

17. D。本题考核的是影响悬臂梁端部位移的因素。影响位移因素除荷载外，还有材料性能、构件的截面、构件的跨度。其中，构件的跨度影响最大。

18. D。每层虚铺厚度应根据夯实机械确定。

19. D。全玻幕墙面板与玻璃肋的连结胶缝必须采用硅酮结构密封胶，可以现场打注。

20. A。外墙板宜采用立式运输，外饰面层应朝外。预制楼板、叠合板、阳台板和空调板等构件宜平放。吊索水平夹角不宜小于 60°，不应小于 45°。

二、多项选择题

21. A、C、E 22. A、C、D 23. A、C、E 24. A、D 25. B、C、E
26. A、D   27. A、B、C   28. A、B、D 29. A、C、D 30. A、B、C、E

【解析】

21. A、C、E。梁的正截面破坏形式与配筋率、混凝土强度等级、截面形式等有关，影响最大的是配筋率。

22. A、C、D。硬质纤维板可代替木材用于室内墙面、顶棚等。软质纤维板可用作保温、吸声材料。

23. A、C、E。早强剂可加速混凝土硬化和早期强度发展，缩短养护周期，加快施工进度，提高模板周转率。缓凝剂不宜用于日最低气温 5℃以下施工的混凝土，也不宜用于有早强要求的混凝土和蒸汽养护的混凝土。

24. A、D。楼梯梯段施工缝宜设置在梯段板跨度端部的 1/3 范围内；单向板施工缝应留设在平行于板短边的任何位置；施工缝一般宜留置在结构受剪力较小且便于施工的部位。

25. B、C、E。防水混凝土胶凝材料总用量不宜小于 320kg/m³。防水混凝土应连续浇筑，宜少留施工缝。

26. A、D。焊接作业区的相对湿度不大于 90%；雨天构件不能进行涂刷工作，涂装后 4h 内不得雨淋；风力超过 5 级时，室外不宜进行喷涂作业。雨天及五级（含）以上大风不能进行屋面保温的施工。

27. A、B、C。影响模板钢管支架整体稳定性的主要因素：立杆间距、水平杆的步距、立杆的接长、连墙件的连接、扣件的紧固程度。

28. A、B、D。属于超过一定规模的危险性较大的分部分项工程的脚手架工程包括：（1）搭设高度 50m 及以上落地式钢管脚手架工程。（2）提升高度 150m 及以上附着式升降脚手架工程或附着式升降操作平台工程。（3）分段架体搭设高度 20m 及以上的悬挑式脚手架工程。

29. A、C、D。结构混凝土的强度等级必须符合设计要求。用于检查结构构件混凝土强度的试件,应在混凝土的浇筑地点随机抽取。每拌制100盘且不超过100m³同配合比的混凝土,取样不得少于一次;每工作班拌制不足100盘时,取样不得少于一次;每次连续浇筑超过1000m³时,每200m³取样不得少于一次;每一楼层取样不得少于一次。对有抗渗要求的混凝土结构,其混凝土试件应在浇筑地点随机取样。同一工程、同一配合比的混凝土,取样不应少于一次,留置组数应根据实际需要确定。

30. A、B、C、E。垂直施工缝应避开地下水和裂隙水较多的地段,并宜与变形缝相结合。

三、实务操作和案例分析题

（一）

1. 不妥1：项目经理领导下编制施工进度总计划；
不妥2：社区活动中心开工后,编制施工进度计划；
不妥3：项目技术负责人组织编制单位工程施工进度计划。
编制说明需补充：假定条件、指标说明、实施重点、实施难点、风险估计、应对措施。
2. 调整后,逻辑关系变化的有：④--▶⑥和⑦--▶⑧；
调整后的总工期：16天；
关键线路为：B→E→G→K→P,B→E→G→J→P。
3. 制定保证社区活动中心工期不突破的对策措施；
制定社区活动中心工期突破后的补救措施；
调整计划,并组织协调相应的配套设施（资源）和保障措施。
4. 混凝土结构子分部包括的分项工程有：模板、钢筋、混凝土、装配式结构。
检测项目还包括混凝土强度、结构位置与尺寸偏差以及合同约定（其他）的项目。

（二）

1. 项目劳动用工管理工作中不妥之处及正确做法如下：
（1）不妥之处：要求分包单位与招用的建筑工人签订劳务合同。
正确做法：劳务用工企业与建筑工人签订劳动合同。
（2）不妥之处：要求分包单位做好农民工工资发放工作。
正确做法：分包单位农民工工资委托施工总承包单位代发。
2. 食堂、超市、文体活动室、医疗、法律咨询、职工书屋。
3. （1）常用屋面隔离层材料包括：塑料膜、土工布、卷材、低强度等级砂浆。
（2）屋面防水层淋水持续时间：2h。
屋面防水层蓄水试验持续时间：24h。
4. ①保护层；②保温层；③隔离层；④防水层；⑤找平层；⑥找坡层；⑦结构层。

（三）

1. 冬期施工混凝土养护还有下列方法：蓄热法、暖棚法、掺化学外加剂法。

提出的控制要求如下：

混凝土中心温度与表面温度的差值不应大于25℃（或小于25℃）；表面温度与大气温度的差值不应大于20℃（或小于20℃）；温降梯度不得大于2℃/d（或小于2℃/d）；养护时间不应少于14d（或大于14d）。

2. 还有下列程序：风险评估、风险监控。

还有下列措施：风险规避、风险减轻、风险自留、几种风险措施组合。

3. 不妥之处和正确做法如下：

不妥1：气瓶在楼层内滚动要有防震圈。

正确做法：应抬（或运送）到指定位置（或应轻装轻卸或不能滚动）。

不妥2：气瓶离明火距离不小于8m。

正确做法：气瓶离明火距离应不小于10m。

不妥3：作业点离易燃物的距离不小于20m。

正确做法：作业点离易燃物的距离不小于30m。

不妥4：气瓶内的气体应尽量用完。

正确做法：应留有剩余压力（或一定重量的气体或不能用完）。

4. 运行评价指标体系有7类指标。

不参与设计评价的是：施工管理、运营管理。

各等级总得分标准是：一星级50分、二星级60分、三星级80分。

（四）

1. 五牌一图还应包括安全生产牌、消防保卫牌、工程概况牌、文明施工牌和管理人员名单及监督电话牌。

2. 基础筏板钢筋加工和绑扎技术方案中错误之处及相应正确做法：

不妥1：钢筋保护层厚度为40mm。正确做法：底皮钢筋的保护层厚度应不小于70mm。

不妥2：钢筋交叉点按照相隔交错扎牢。正确做法：全部钢筋交叉点应扎牢。

不妥3：绑扎点的钢丝扣绑扎方向要求一致。正确做法：相邻绑扎点的钢丝扣要成八字形绑扎。

不妥4：上层钢筋网拉勾做撑脚。正确做法：另设钢筋撑脚。

3. 此次属于一般事故。事故调查组还应有：负有安全管理职责的部门、监察机关、工会、人民检察院派员参加。

4. 项目经理部经常性安全检查规定：

规定1：作业班组在班前、班中、班后进行安全检查；

规定2：现场安全值班人员每天进行例行巡视检查；

规定3：项目经理组织相关人员进行生产检查同时进行安全检查。

《建设工程法规及相关知识》
考前第 3 套卷及解析

《建设工程法规及相关知识》考前第3套卷

一、单项选择题（共60题，每题1分。每题的备选项中，只有1个最符合题意）

1. 根据《立法法》，下列事项中必须由法律规定的是（   ）。
   A．税率的确定 B．环境保护
   C．历史文化保护 D．增加施工许可证的申请条件

2. 甲公司的业务员王某被开除后，为报复甲公司，用盖有甲公司公章的空白合同书与乙公司订立一份建材购销合同。乙公司并不知情，并按时将货物送至甲公司所在地。甲公司拒绝接收，引起纠纷。关于该案代理与合同效力的说法，正确的是（   ）。
   A．王某的行为为无权代理，合同无效 B．王某的行为为表见代理，合同无效
   C．王某的行为为委托代理，合同有效 D．王某的行为为表见代理，合同有效

3. 某建设单位为方便施工现场运输，借用项目相邻单位道路通行，双方约定建设单位每月支付20000元费用。据此，建设单位享有的权利是（   ）。
   A．建设用地使用权 B．地役权
   C．相邻权 D．宅基地使用权

4. 在债的产生根据中，（   ）是最主要、最普遍的根据。
   A．合同 B．侵权
   C．不当得利 D．无因管理

5. 法人作品的发表权、使用权和获得报酬权的保护期（   ）。
   A．截止于作品首次发表后第50年的12月31日，但作品自创作完成后50年内未发表的，不再受著作权法保护
   B．截止于最后死亡的作者死亡后第50年的12月31日
   C．截止于作品最后一次发表后第50年的12月31日
   D．不受限制

6. 根据《民法典》，下列各项财产作为抵押物时，抵押权自登记时设立的是（   ）。
   A．正在建造的建筑物 B．生产设备、原材料
   C．交通运输工具 D．正在建造的船舶、航空器

7. 根据《保险法》，投保人参保建筑工程一切险的建筑工程项目，保险人须负责赔偿因（   ）造成的损失和费用。
   A．设计错误 B．原材料缺陷
   C．不可预料的意外事故 D．工艺不完善

8. 《刑法》第134条规定，在生产、作业中违反有关安全管理的规定，因而发生重大伤亡事故且情节特别恶劣的，处（   ）。
   A．3年以下有期徒刑或者拘役 B．3年以上7年以下有期徒刑
   C．5年以下有期徒刑或者拘役 D．7年以上15年以下有期徒刑

9. 根据《建筑法》，领取施工许可证后因故不能按期开工的，应当向发证机关申请延期，关于申请延期的说法，正确的是（   ）。

A．延期每次不超过3个月

B．应当由施工企业提出申请

C．延期没有次数限制

D．超过延期时限但在宽限期内的施工许可证仍有效

10. 建筑业企业资质证书有效期届满，企业继续从事建筑施工活动的，应当于资质证书有效期届满（　　）个月前，向原资质许可机关提出延续申请。

　　A．1　　　　　　　　　　　　　　B．3

　　C．6　　　　　　　　　　　　　　D．12

11.《注册建造师执业管理办法（试行）》，注册建造师不得同时担任两个及以上建设工程施工项目负责人，（　　）除外。

　　A．合同约定的工程验收合格的

　　B．合同约定工程尚未开工的

　　C．合同约定的工程主体已经完成的

　　D．因非承包方原因致使工程项目停工超过90天的

12. 注册建造师异地执业的，工程所在地省级人民政府建设主管部门应当将处理建议转交注册建造师注册所在地省级人民政府建设主管部门，注册所在地省级人民政府建设主管部门应当在（　　）个工作日内作出处理，并告知工程所在地省级人民政府建设行政主管部门。

　　A．7　　　　　　　　　　　　　　B．14

　　C．21　　　　　　　　　　　　　 D．28

13. 某高速公路项目进行招标，开标后允许（　　）。

　　A．评标委员会要求投标人以书面形式澄清含义不明确的内容

　　B．投标人再增加优惠条件

　　C．投标人撤销投标文件

　　D．招标人更改招标文件中说明的评标定标办法

14. 关于有效投标价格的说法，正确的是（　　）。

　　A．投标报价低于成本　　　　　　　B．投标报价高于最高投标限价

　　C．投标人提供备选价格　　　　　　D．投标报价高于其他投标人报价

15. 甲、乙、丙、丁四家施工企业组成联合体进行投标。联合体协议约定：因联合体的责任造成招标人损失时，甲、乙分别承担损失赔偿额的30%；丙、丁分别承担损失赔偿额的20%。若因该联合体的责任造成招标人损失100万元人民币，下列关于该损失赔偿的说法正确的是（　　）。

　　A．招标人可以向甲主张50万元人民币的赔偿

　　B．招标人向丙主张100万元人民币的赔偿，丙仅应赔偿20万元人民币

　　C．招标人必须按照联合体协议中约定的比例分别向各成员主张赔偿额

　　D．乙向招标人赔偿100万元人民币后，可以向丁追偿70万元人民币

16. 关于招标项目标底的说法，正确的是（　　）。

　　A．一个招标项目可以有多个标底

　　B．招标人可以自行决定是否编制标底

　　C．接受委托编制标底的中介机构可以为该项目的投标人提供咨询

　　D．标底是最低投标限价

17. 关于开标的说法，正确的是（　　）。
    A．投标文件经确定无误后，由招标监管部门人员当众拆封
    B．开标时只能由投标人或者其推选的代表检查投标文件的密封情况
    C．开标地点应当为招标文件中预先确定的地点
    D．开标过程应当及时向社会公布

18. 关于投标保证金的说法，正确的是（　　）。
    A．投标保证金有效期应当与投标有效期一致
    B．招标人最迟应在书面合同签订后 10 日内向中标人退还投标保证金
    C．投标截止后投标人撤销投标文件的，招标人应当返还投标保证金
    D．实行两阶段招标的，招标人要求投标人提交投标保证金的，应当在第一阶段提出

19. 根据《招标投标法实施条例》，下列情形中，属于不同投标人之间相互串通投标情形的是（　　）。
    A．约定部分投标人放弃投标或者中标　　B．投标文件相互混装
    C．投标文件载明的项目经理为同一人　　D．委托同一单位或个人办理投标事宜

20. 某建筑公司与某安装公司组成联合体承包工程，并约定质量缺陷引起的赔偿责任由双方各自承担 50%。施工中由于安装公司技术问题导致质量缺陷，造成工程 20 万元损失，则以下说法正确的是（　　）。
    A．建设单位可以向建筑公司索赔 20 万元
    B．建设单位只能向安装公司索赔 20 万元
    C．建设单位只能向建筑公司和安装公司分别索赔 10 万元
    D．建设单位不可以向安装公司索赔 20 万元

21. 施工总承包单位分包工程应当经过建设单位认可，符合法律规定的认可方式有（　　）。
    A．总承包合同中约定分包的内容
    B．建设单位指定分包人
    C．总承包单位只能在建设单位推荐的分包人中选择
    D．劳务分包合同由建设单位确认

22. 施工单位的下列行为符合工程质量不良行为认定标准的有（　　）。
    A．在施工起重机械和整体提升脚手架、模板等自升式架设设施验收合格后未按照规定登记的
    B．在尚未竣工的建筑物内设置员工集体宿舍的
    C．未对因建设工程施工可能造成损害的毗邻建筑物、构筑物和地下管线等采取专项预防措施的
    D．未按照节能设计进行施工的

23. 关于建筑市场各方主体信用信息公开期限的说法，正确的是（　　）。
    A．建筑市场各方主体的基本信息永久公开
    B．建筑市场各方主体的优良信用信息公布期限一般为 6 个月
    C．招标投标违法行为记录公告期限为 1 年
    D．不良信用信息公开期限一般为 6 个月至 3 年，并不得低于相关行政处罚期限

24. 下列不属于发包人义务的情形是（　　）。
    A．提供必要施工条件

B．就审查合格的施工图设计文件向施工企业作出详细说明
C．及时检查隐蔽工程
D．及时验收工程

25．甲施工企业与乙水泥厂签订水泥供应合同，在约定的履行日期届满时，水泥厂未能按时供应水泥。由于甲施工企业没有采取适当措施寻找货源，致使损失扩大。对于扩大的损失应该由（　　）。
A．乙水泥厂承担　　　　　　　　B．双方连带责任
C．双方按比例承担　　　　　　　D．甲施工企业承担

26．《民法典》，允许单方解除合同的情形是（　　）。
A．由于不可抗力致使合同不能履行　B．法定代表人变更
C．当事人一方发生合并、分立　　　D．当事人一方违约

27．关于施工合同变更的说法，正确的是（　　）。
A．施工合同变更应当办理批准、登记手续
B．工程变更必将导致施工合同条款变更
C．施工合同非实质性条款的变更无须双方当事人协商一致
D．当事人对施工合同变更内容约定不明确的，推定为未变更

28．2018年4月1日，甲公司将其厂房无偿转让给乙公司，导致甲公司的债权人丙公司无法实现债权，丙公司于2019年1月1日才得知该情况，则丙公司撤销权的截止日期为（　　）。
A．2020年4月1日　　　　　　　B．2021年1月1日
C．2019年4月1日　　　　　　　D．2020年1月1日

29．根据最高人民法院《关于审理建设工程施工合同纠纷案件适用法律问题的解释（一）》，当事人对付款时间没有约定或者约定不明的，下列时间视为应付款时间的是（　　）。
A．建设工程已实际交付的，为竣工验收合格之日
B．建设工程已实际交付的，为提交竣工结算文件之日
C．建设工程未交付，工程价款也未结算的，为当事人起诉之日
D．建设工程未交付的，为竣工结算完成之日

30．2020年9月15日，甲公司与丙公司订立书面协议转让其对乙公司的30万元债权，同年9月25日甲公司将该债权转让通知了乙公司。关于该案的说法，正确的是（　　）。
A．甲公司与丙公司之间的债权转让协议于2020年9月25日生效
B．丙公司自2020年9月15日起可以向乙公司主张30万元的债权
C．甲公司和乙公司就30万债务的清偿对丙公司承担连带责任
D．甲公司和丙公司之间的债权转让行为于2020年9月25日对乙公司发生效力

31．甲施工企业与乙施工企业合并，则原来甲的员工与甲签订的劳动合同（　　）。
A．效力待定　　　　　　　　　　B．自动解除
C．失效　　　　　　　　　　　　D．继续有效

32．劳动者可以立即解除劳动合同且无须事先告知用人单位的情形是（　　）。
A．用人单位未按照劳动合同约定提供劳动保护或者劳动条件
B．用人单位以暴力、威胁或者非法限制人身自由的手段强迫劳动者劳动
C．用人单位未及时足额支付劳动报酬

D．用人单位制定的规章制度违反法律、法规的规定，损害劳动者的权益

33. 关于劳务派遣的说法，正确的是（　　）。
    A．甲可以被劳务派遣公司派到某施工企业担任安全员
    B．乙可以被劳务派遣公司派到某公司做临时性工作1年以上
    C．丙在无工作期间，其所属劳务派遣公司不再向其支付工资
    D．劳务派遣协议中应当载明社会保险费的数额

34. 根据《劳动合同法》，在劳务派遣用工方式中，订立劳务派遣协议的主体是（　　）。
    A．派遣单位与用工单位　　　　　B．用工单位与劳动者
    C．用工单位与当地人民政府　　　D．派遣单位与劳动者

35. 甲施工企业与乙劳务派遣单位订立劳务派遣协议，由乙向甲派遣员工王某，关于该用工关系的说法，正确的是（　　）。
    A．王某工作时因工负伤，甲应当申请工伤认定
    B．在派遣期间，甲被宣告破产，可以将王某退回乙
    C．甲可以根据企业实际将王某再派遣到其他用工单位
    D．在派遣期间，王某被退回的，乙不再向其支付劳动报酬

36. 某工程项目建设过程中，发包人与机械厂签订了加工非标准的大型管道叉管的合同，并提供了制作叉管的钢模，根据《民法典》，该合同属于（　　）合同。
    A．委托　　　　　　　　　　　　B．承揽
    C．施工承包　　　　　　　　　　D．信托

37. 关于租赁合同的说法，正确的是（　　）。
    A．租赁期限超过20年的，超过部分无效
    B．租赁期限超过6个月的，可以采用书面形式
    C．租赁合同应当采用书面形式，当事人未采用的，视为租赁合同未生效
    D．租赁物在租赁期间发生所有权变动的，租赁合同解除

38. 定作合同对于支付报酬的期限没有约定或者约定不明，又不能达成补充协议，按照合同有关条款或者交易习惯也不能确定的，定作人应当在（　　）支付报酬。
    A．合同生效后　　　　　　　　　B．交付工作成果时
    C．完成工作成果50%时　　　　　D．完成全部工作成果前

39. 《大气污染防治法》规定，从事房屋建筑、市政基础设施建设、河道整治以及建筑物拆除的施工单位，应当（　　）。
    A．向负责监督管理扬尘污染防治的主管部门备案
    B．向省级人民政府备案
    C．获得负责监督管理扬尘污染防治的主管部门的批准
    D．获得省级人民政府的批准

40. 根据《节约能源法》，关于国家实行有利于节能和环境保护的产业政策的说法，正确的是（　　）。
    A．国家鼓励企业制定严于国家标准、行业标准的企业节能标准
    B．国家推动企业降低总能耗
    C．国家平衡落后的生产能力，调整能源利用效率
    D．国家禁止发展高耗能、高污染行业，鼓励、支持发展节能环保型产业

41. 根据建筑节能的有关规定，合同约定由建设单位采购墙体材料、保温材料、门窗、采暖制冷系统和照明设备的，建设单位应当保证其符合（　　）要求。
    A．企业标准　　　　　　　　　　B．地方标准
    C．施工图设计文件　　　　　　　D．建筑节能任意性标准

42. 《文物保护法》规定，在文物保护单位的建设控制地带内进行建设工程，工程设计方案应当根据（　　）的级别，经相应的文物行政部门同意后，报城乡建设规划部门批准。
    A．文物保护单位　　　　　　　　B．建设单位
    C．施工单位　　　　　　　　　　D．设计单位

43. 建筑施工企业从事建筑施工活动前，应当依照《建筑施工企业安全生产许可证管理规定》向（　　）申请领取安全生产许可证。
    A．国务院住房城乡建设主管部门
    B．企业注册所在地省、自治区、直辖市人民政府住房城乡建设主管部门
    C．工程所在地省、自治区、直辖市人民政府住房城乡建设主管部门
    D．工程所在地市级人民政府

44. 关于建筑施工企业负责人施工现场带班制度的说法，正确的是（　　）。
    A．建筑施工企业负责人每月带班检查的时间不少于该月的25%
    B．建筑施工企业负责人带班检查时形成的检查记录仅在工程项目上存档备查即可
    C．超过一定规模的危险性较大的分部分项工程施工时，建筑施工企业负责人应到施工现场进行带班检查
    D．对于有分公司的企业集团，集团负责人因故不能到现场的，必须书面委托集团公司所在地分公司负责人进行带班检查

45. 施工总承包单位和分包单位对分包工程安全生产承担的责任是（　　）。
    A．独立责任　　　　　　　　　　B．按份责任
    C．补充责任　　　　　　　　　　D．连带责任

46. 对于达到一定规模的危险性较大的分部分项工程的专项施工方案，需要进行专家论证的，应由（　　）组织专家论证、审查。
    A．施工企业　　　　　　　　　　B．安全监督管理机构
    C．建设单位　　　　　　　　　　D．监理单位

47. 关于工伤医疗停工留薪期的说法，正确的是（　　）。
    A．在停工留薪期内，原工资福利待遇适当减少
    B．停工留薪期一般不超过12个月
    C．工资由所在单位在停工留薪期结束后一次性支付
    D．停工留薪期满后仍需治疗的，工伤职工不再享受工伤医疗待遇

48. 某施工企业承揽拆除旧体育馆工程，作业过程中，体育馆屋顶突然坍塌，压死2人，重伤11人，根据《生产安全事故报告和调查处理条例》，该事故属于（　　）。
    A．特别重大事故　　　　　　　　B．重大事故
    C．一般事故　　　　　　　　　　D．较大事故

49. 生产经营单位与从业人员订立的免除或者减轻其对从业人员因生产安全事故伤亡责任的条款（　　）。
    A．有效　　　　　　　　　　　　B．可撤销

C．效力待定 D．无效

50. 根据《建设工程安全生产管理条例》，下列关于建设单位安全责任的说法中错误的是（　　）。
    A．建设单位应当向施工企业提供地下管线资料，并对资料的真实性、准确性、完整性负责
    B．建设单位应当依法履行合同，不得压缩合同约定的工期
    C．建设单位应当进行安全施工技术交底
    D．建设单位应当对拆除工程进行备案

51. 关于团体标准的说法，正确的是（　　）。
    A．国家鼓励社会团体制定高于推荐性标准相关技术要求的团体标准
    B．在关键共性技术领域应当利用自主创新技术制定团体标准
    C．制定团体标准的一般程序包括准备、征求意见、送审和报批四个阶段
    D．团体标准对本团体成员强制适用

52. 在施工过程中施工技术人员发现设计图纸不符合技术标准，施工技术人员应（　　）。
    A．继续按照工程图纸施工 B．按照技术标准修改图纸
    C．按照标准图集施工 D．及时提出意见

53. 建设工程总承包单位依法将建设工程分包给其他单位的，关于分包工程的质量责任承担的说法，正确的是（　　）。
    A．分包工程质量责任仅由分包单位承担
    B．分包工程质量责任由总承包单位和分包单位承担连带责任
    C．分包工程质量责任仅由总承包单位承担
    D．分包工程质量责任由总承包单位和分包单位按比例承担

54. 根据《建设工程质量管理条例》，建设工程竣工验收应由（　　）组织。
    A．施工单位 B．监理单位
    C．设计单位 D．建设单位

55. 根据《关于清理规范工程建设领域保证金的通知》，关于工程建设领域保证金的说法，正确的是（　　）。
    A．建设单位可以要求施工企业缴纳工期保证金
    B．农民工工资保证金已经被取消
    C．未按规定返还保证金，无需承担违约责任
    D．在工程项目竣工前，已经缴纳履约保证金的，建设单位不得同时预留工程质量保证金

56. 关于民事纠纷和解的说法，正确的是（　　）。
    A．和解是当事人在法院主持下解决争议的一种方式
    B．已经进入诉讼程序的，双方当事人达成的和解协议具有强制执行力
    C．和解可以在民事纠纷的任何阶段进行
    D．已经进入诉讼程序的，和解的结果是撤回起诉

57. 对下列债权请求权提出诉讼时效抗辩，人民法院应当予以支持的是（　　）。
    A．支付存款本金及利息请求权
    B．向不特定对象发行的企业债券本息请求权

C. 已转让债权的本息请求权
D. 基于投资关系产生的缴付出资请求权

58. 仲裁协议应当具备的内容是（　　）。
   A. 仲裁事项、仲裁员、选定的仲裁委员会
   B. 请求仲裁的意思表示、选定的仲裁委员会、仲裁事项
   C. 仲裁事项、仲裁规则、选定的仲裁委员会
   D. 仲裁事项、仲裁地点、仲裁规则

59. 下列法律文书中，不具有强制执行效力的是（　　）。
   A. 由国家行政机关作出的调解书
   B. 由仲裁机构作出的仲裁调解书
   C. 经法院司法确认的人民调解委员会作出的调解协议书
   D. 由人民法院对民事纠纷案件作出的调解书

60. 根据《行政许可法》，下列法律法规中，不得设定任何行政许可的是（　　）。
   A. 法律　　　　　　　　　　B. 行政法规
   C. 地方性法规　　　　　　　D. 部门规章

二、多项选择题（共20题，每题2分。每题的备选项中，有2个或2个以上符合题意，至少有1个错项。错选，本题不得分；少选，所选的每个选项得0.5分）

61. 地方性法规与部门规章之间对同一事项的规定不一致，不能确定如何适用时，（　　）。
   A. 直接由全国人民代表大会常务委员会进行裁决
   B. 直接由国务院进行裁决
   C. 由国务院提出意见
   D. 国务院认为应适用地方性法规的，应当决定在该地方适用地方性法规的规定
   E. 国务院认为应适用部门规章的，应当提请全国人民代表大会常务委员会裁决

62. 用益物权包括（　　）。
   A. 所有权　　　　　　　　　B. 建设用地使用权
   C. 土地承包经营权　　　　　D. 居住权
   E. 地役权

63. 关于工程建设中债的说法，正确的有（　　）。
   A. 监理单位要求存在重大安全隐患的工程暂停施工构成侵权之债
   B. 投标人给招标人巨额贿赂骗取中标构成不当得利之债
   C. 劳务人员按照规定维修施工工具构成无因管理之债
   D. 施工中的建筑物上坠落的砖块造成他人损害构成侵权之债
   E. 施工企业向设备商租赁起重机械构成合同之债

64. 关于商标专用权的说法，正确的有（　　）。
   A. 商标专用权是指商标所有人对注册商标所享有的具体权利
   B. 商标专用权的内容只包括财产权
   C. 商标专用权包括使用权和禁止权两个方面
   D. 未经核准注册的商标不受商标法保护
   E. 商标设计者的人身权由专利权法保护

65. 甲、乙双方签订买卖合同，丙为乙的债务提供保证，但担保合同未约定担保方式及保证期间。关于该保证合同的说法，正确的有（　　）。

A．保证期间与买卖合同的诉讼时效相同
B．丙的保证方式为一般保证
C．保证期间为主债务履行期届满之日起 12 个月内
D．甲在保证期间内未经丙书面同意将主债权转让给丁，丙不再承担保证责任
E．甲在保证期间未要求丙承担保证责任，则丙免除保证责任

66．《招标投标法实施条例》规定，招标人有（　　）行为的，属于以不合理条件限制、排斥潜在投标人或者投标人。
A．就同一招标项目向潜在投标人或者投标人提供有差别的项目信息
B．对潜在投标人或者投标人采取不同的资格审查或者评标标准
C．限定或者指定特定的专利、商标、品牌、原产地或者供应商
D．将建筑工程肢解成若干部分发包给几个承包单位
E．依法必须进行招标的项目非法限定潜在投标人或者投标人的所有制形式或者组织形式

67．根据《招标投标法实施条例》，国有资金占控股或者主导地位的依法必须进行招标的项目，可以邀请招标的有（　　）。
A．技术复杂，只有少量潜在投标人可供选择的项目
B．国务院发展改革部门确定的国家重点项目
C．受自然环境限制，只有少量潜在投标人可供选择的项目
D．采用公开招标方式的费用占项目合同金额的比例过大的项目
E．省、自治区、直辖市人民政府确定的地方重点项目

68．导致中标无效的情形有（　　）。
A．依法必须进行招标项目的招标人向他人泄露标底，影响中标结果的
B．投标人向招标人展示工程业绩、企业实力，谋取中标的
C．依法必须进行招标的项目在所有投标被评标委员会否决后自行确定中标人的
D．投标截止日期以前投标人撤回已提交的投标文件进行修改的
E．招标人要求投标人提交投标保证金的

69．根据《建设工程质量管理条例》，下列分包的情形中，属于违法分包的有（　　）。
A．总承包单位将部分工程分包给不具有相应资质的单位
B．建设工程总承包合同中有约定，施工总承包单位将劳务作业分包给有相应资质的劳务分包企业
C．承包单位将其承包的全部工程肢解以后，以分包的名义分别转给其他单位或个人施工的
D．分包单位将其承包的工程再分包
E．施工总承包单位将承包工程的主体结构分包给了具有先进技术的其他单位

70．建设工程施工合同中，违约责任的主要承担方式有（　　）。
A．修理　　　　　　　　　　　B．赔偿损失
C．继续履行　　　　　　　　　D．返还财产
E．消除危险

71．根据最高人民法院《关于审理建设工程施工合同纠纷案件适用法律问题的解释（一）》，关于当事人对建设工程实际竣工日期有争议时竣工日期确定的说法，正确的有（　　）。

A．建设工程经竣工验收合格的，以竣工验收合格之日为竣工日期

B．承包人已经提交竣工验收报告，发包人拖延验收的，以承包人提交验收报告之日为竣工日期

C．建设工程未经竣工验收，发包人擅自使用的，以转移占有建设工程之日为竣工日期

D．建设工程整改后竣工验收合格的，以提交竣工验收申请报告的日期为竣工日期

E．建设工程未经竣工验收，发包人擅自使用的，以工程完工日期为竣工日期

72．《劳动合同法》规定，用人单位有（　　）情形的，依法给予行政处罚；构成犯罪的，依法追究刑事责任；给劳动者造成损害的，应当承担赔偿责任。

A．安排加班不支付加班费的

B．以暴力、威胁或者非法限制人身自由的手段强迫劳动的

C．侮辱、体罚、殴打、非法搜查或者拘禁劳动者的

D．违章指挥或者强令冒险作业危及劳动者人身安全的

E．低于当地最低工资标准支付劳动者工资的

73．劳动争议仲裁委员会的组成成员应有（　　）。

A．同级人民法院代表　　　　　　B．同级工会代表

C．用人单位代表　　　　　　　　D．劳动行政部门代表

E．律师

74．根据《劳动合同法》，用人单位在招用劳动者以及订立劳动合同时，不得（　　）。

A．订立无固定期限的劳动合同　　B．要求劳动者提供担保

C．向劳动者收取财物　　　　　　D．约定竞业限制条款

E．扣押劳动者的证件

75．根据《社会保险法》，失业人员从失业保险基金中领取失业保险金应当符合的条件有（　　）。

A．本人应征服兵役的

B．已经进行失业登记，并有求职要求的

C．非因本人意愿中断就业的

D．失业前用人单位和本人已经缴纳失业保险费满1年的

E．本人已经缴纳个人所得税的

76．关于融资租赁合同当事人的权利义务的说法，正确的有（　　）。

A．出租人根据承租人对出卖人、租赁物的选择订立的买卖合同，未经承租人同意，出租人可以直接变更与承租人有关的合同内容

B．承租人经催告后在合理期限内仍不支付租金的，出租人只能请求支付全部租金，不能解除合同

C．出租人、出卖人、承租人可以约定，出卖人不履行买卖合同义务的，由承租人行使索赔的权利

D．出卖人未按照约定交付标的物，经承租人或者出租人催告后在合理期限内仍未交付的，承租人可以拒绝受领出卖人向其交付的标的物

E．融资租赁合同因租赁物交付承租人后意外毁损、灭失等不可归责于当事人的原因解除的，出租人无权请求承租人给予补偿

77. 在市区施工产生环境噪声污染的下列情形中,可以在夜间进行施工作业而不需要有关主管部门证明的是（　　）。
   A．混凝土连续浇筑
   B．特殊需要必须连续作业
   C．自来水管道爆裂抢修
   D．由于施工单位计划向国庆献礼而抢进度的施工
   E．路面塌陷抢修

78. 根据事故具体情况,事故调查组成员由有关人民政府、安全生产监督管理部门和负有安全生产监督管理职责的有关部门以及（　　）派人参加。
   A．监察机关
   B．人民法院
   C．公安机关
   D．人民检察院
   E．工会

79. 根据《建设工程质量管理条例》,建设工程竣工验收应具备的工程技术档案和施工管理资料包括（　　）。
   A．竣工验收报告
   B．分部、分项工程全体施工人员名单
   C．设计变更通知单
   D．隐蔽验收记录及施工日志
   E．竣工图

80. 建设工程质量保修书的内容一般包括（　　）。
   A．工程简况、房屋使用管理要求
   B．保修范围和内容
   C．超过合理使用年限继续使用的条件
   D．保修期限和责任
   E．保修单位名称、详细地址

考前第3套卷参考答案及解析

一、单项选择题

1. A	2. D	3. B	4. A	5. A
6. A	7. C	8. B	9. A	10. B
11. A	12. B	13. A	14. D	15. A
16. B	17. C	18. A	19. A	20. A
21. A	22. D	23. D	24. B	25. D
26. A	27. C	28. B	29. C	30. D
31. D	32. B	33. D	34. A	35. B
36. B	37. A	38. B	39. A	40. A
41. C	42. A	43. B	44. C	45. D
46. A	47. B	48. D	49. B	50. C
51. A	52. D	53. B	54. A	55. A
56. C	57. C	58. B	59. A	60. D

【解析】

1. A。《立法法》规定，下列事项只能制定法律：（1）国家主权的事项；（2）各级人民代表大会、人民政府、人民法院和人民检察院的产生、组织和职权；（3）民族区域自治制度、特别行政区制度、基层群众自治制度；（4）犯罪和刑罚；（5）对公民政治权利的剥夺、限制人身自由的强制措施和处罚；（6）税种的设立、税率的确定和税收征收管理等税收基本制度；（7）对非国有财产的征收、征用；（8）民事基本制度；（9）基本经济制度以及财政、海关、金融和外贸的基本制度；（10）诉讼和仲裁制度；（11）必须由全国人民代表大会及其常务委员会制定法律的其他事项。

2. D。《民法典》规定，行为人没有代理权、超越代理权或者代理权终止后，仍然实施代理行为，相对人有理由相信行为人有代理权的，代理行为有效，此种代理称为表见代理。

3. B。地役权，是指为使用自己不动产的便利或提高其效益而按照合同约定利用他人不动产的权利。他人的不动产为供役地，自己的不动产为需役地。从性质上说，地役权是按照当事人的约定设立的用益物权。根据定义，题干中建设单位享有的权利为地役权。

4. A。合同引起债的关系，是债发生的最主要、最普遍的依据。

5. A。法人或者其他组织的作品、著作权（署名权除外）由法人或者其他组织享有的职务作品，其发表权、使用权和获得报酬权的保护期为50年，截止于作品首次发表后第50年的12月31日，但作品自创作完成后50年内未发表的，不再受著作权法保护。

6. A。债务人或者第三人有权处分的下列财产可以抵押：（1）建筑物和其他土地附着物；（2）建设用地使用权；（3）海域使用权；（4）生产设备、原材料、半成品、产品；（5）正在建造的建筑物、船舶、航空器；（6）交通运输工具；（7）法律、行政法规未禁止抵押的其他财产。抵押人可以将上述所列财产一并抵押。对于以上第（1）项至第（3）项规定的财产或者第（5）项规定的正在建造的建筑物抵押的，应当办理抵押登记。抵押权自登记时设立。

7. C。建筑工程一切险的保险人对下列原因造成的损失和费用，负责赔偿：（1）自然事件，指地震、海啸、雷电、飓风、台风、龙卷风、风暴、暴雨、洪水、水灾、冻灾、冰雹、地崩、山崩、雪崩、火山爆发、地面下陷下沉及其他人力不可抗拒的破坏力强大的自然现象；（2）意外事故，指不可预料的以及被保险人无法控制并造成物质损失或人身伤亡的突发性事件，包括火灾和爆炸。

8. B。《刑法》第134条规定，在生产、作业中违反有关安全管理的规定，因而发生重大伤亡事故或者造成其他严重后果的，处3年以下有期徒刑或者拘役；情节特别恶劣的，处3年以上7年以下有期徒刑。

9. A。《建筑法》规定，建设单位应当自领取施工许可证之日起3个月内开工。因故不能按期开工的，应当向发证机关申请延期；延期以两次为限，每次不超过3个月。既不开工又不申请延期或者超过延期时限的，施工许可证自行废止。

10. B。建筑业企业资质证书有效期届满，企业继续从事建筑施工活动的，应当于资质证书有效期届满3个月前，向原资质许可机关提出延续申请。

11. A。注册建造师不得同时担任两个及以上建设工程施工项目负责人。发生下列情形之一的除外：（1）同一工程相邻分段发包或分期施工的；（2）合同约定的工程验收合格的；（3）因非承包方原因致使工程项目停工超过120天（含），经建设单位同意的。

12. B。注册建造师异地执业的，工程所在地省级人民政府建设主管部门应当将处理建议转交注册建造师注册所在地省级人民政府建设主管部门，注册所在地省级人民政府建设主管部门应当在14个工作日内作出处理，并告知工程所在地省级人民政府建设行政主管部门。

13. A。在评标过程中，评标委员会可以要求投标人对投标文件中含义不明确的内容作必要的澄清或者说明，但是澄清或者说明不得超出投标文件的范围或者改变投标文件的实质性内容。

14. D。中标人的投标应当符合下列条件之一：（1）能够最大限度地满足招标文件中规定的各项综合评价标准；（2）能够满足招标文件的实质性要求，并且经评审的投标价格最低，但低于成本的除外。此外，不能有两个报价，投标报价高于最高投标限价的，报价无效。故，本题应选D。

15. A。联合体中标的，联合体各方应当共同与招标人签订合同，就中标项目向招标人承担连带责任。

16. B。招标人可以自行决定是否编制标底。一个招标项目只能有一个标底。故A选项错误，B选项正确。接受委托编制标底的中介机构不得参加受托编制标底项目的投标，也不得为该项目的投标人编制投标文件或者提供咨询。故C选项错误。招标人不得规定最低投标限价。故D选项错误。

17. C。开标时，由投标人或者其推选的代表检查投标文件的密封情况，也可以由招标人委托的公证机构检查并公证；经确认无误后，由工作人员当众拆封，宣读投标人名称、投标价格和投标文件的其他主要内容。故A、B选项错误。D选项的正确表述为：开标过程应当记录，并存档备查。

18. A。招标人最迟应当在书面合同签订后 5 日内向中标人和未中标的投标人退还投标保证金及银行同期存款利息。故 B 选项错误。投标截止后投标人撤销投标文件的，招标人可以不退还投标保证金。故 C 选项错误。实行两阶段招标的，招标人要求投标人提交投标保证金的，应当在第二阶段提出。故 D 选项错误。

19. A。《招标投标法实施条例》规定，禁止投标人相互串通投标。有下列情形之一的，属于投标人相互串通投标：（1）投标人之间协商投标报价等投标文件的实质性内容；（2）投标人之间约定中标人；（3）投标人之间约定部分投标人放弃投标或者中标；（4）属于同一集团、协会、商会等组织成员的投标人按照该组织要求协同投标；（5）投标人之间为谋取中标或者排斥特定投标人而采取的其他联合行动。故应选择 A 选项。

20. A。联合体中共同承包的各方对承包合同的履行承担连带责任。也就是说，建设单位可以要求建筑公司承担赔偿责任，也可以要求安装公司承担赔偿责任。已经承担责任的一方，可以就超出自己应该承担的部分向对方追偿，但是却不可以拒绝先行赔付。

21. A。总承包单位如果要将所承包的工程再分包给他人，应当依法告知建设单位并取得认可。这种认可应当依法通过两种方式：（1）在总承包合同中规定分包的内容；（2）在总承包合同中没有规定分包内容的，应当事先征得建设单位的同意。需要说明的是，分包工程须经建设单位认可，并不等于建设单位可以直接指定分包人，也不是只能在建设单位推荐的分包人中选择。

22. D。工程安全不良行为认定标准包括：未按照规定在施工起重机械和整体提升脚手架、模板等自升式架设设施验收合格后登记的；在尚未竣工的建筑物内设置员工集体宿舍的；未对因建设工程施工可能造成损害的毗邻建筑物、构筑物和地下管线等采取专项防护措施的；使用未经验收或验收不合格的施工起重机械和整体提升脚手架、模板等自升式架设设施的等。D 选项属于工程质量不良行为认定标准。

23. D。A 选项的正确表述应为"长期公开"。B 选项的正确表述应为"3 年"。C 选项的正确表述应为"6 个月"。

24. B。发包人的主要义务包括：不得违法发包；提供必要施工条件；及时检查隐蔽工程；及时验收工程；支付工程价款。

25. D。《民法典》规定，当事人一方违约后，对方应当采取适当措施防止损失的扩大；没有采取适当措施致使损失扩大的，不得就扩大的损失要求赔偿。

26. A。《民法典》规定，有下列情形之一的，当事人可以解除合同：（1）因不可抗力致使不能实现合同目的；（2）在履行期限届满之前，当事人一方明确表示或者以自己的行为表明不履行主要债务；（3）当事人一方迟延履行主要债务，经催告后在合理期限内仍未履行；（4）当事人一方迟延履行债务或者有其他违约行为致使不能实现合同目的；（5）法律规定的其他情形。

27. D。当事人协商一致，可以变更合同。当事人对合同变更的内容约定不明确的，推定为未变更。

28. D。《民法典》规定，有下列情形之一的，撤销权消灭：（1）当事人自知道或者应当知道撤销事由之日起 1 年内、重大误解的当事人自知道或者应当知道撤销事由之日起 90 日内没有行使撤销权；（2）当事人受胁迫，自胁迫行为终止之日起 1 年内没有行使撤销权；（3）当事人知道撤销事由后明确表示或者以自己的行为表明放弃撤销权。当事人自民事法律行为发生之日起 5 年内没有行使撤销权的，撤销权消灭。

29．C。当事人对付款时间没有约定或者约定不明的，下列时间视为应付款时间：（1）建设工程已实际交付的，为交付之日；（2）建设工程没有交付的，为提交竣工结算文件之日；（3）建设工程未交付，工程价款也未结算的，为当事人起诉之日。

30．D。《民法典》规定，债权人转让债权的，未通知债务人的，该转让对债务人不发生效力。甲公司于9月25日将债权转让通知了乙公司，因此甲公司和丙公司之间的债权转让行为于9月25日对乙公司发生效力。

31．D。用人单位发生合并或者分立等情况，原劳动合同继续有效，劳动合同由承继其权利和义务的用人单位继续履行。

32．B。用人单位以暴力、威胁或者非法限制人身自由的手段强迫劳动者劳动的，或者用人单位违章指挥、强令冒险作业危及劳动者人身安全的，劳动者可以立即解除劳动合同，不需事先告知用人单位。

33．D。劳务派遣用工是补充形式，只能在临时性、辅助性或者替代性的工作岗位上实施，所谓临时性工作岗位是指存续时间不超过6个月的岗位，故A、B选项错误。被派遣劳动者在无工作期间，劳务派遣单位应当按照所在地人民政府规定的最低工资标准，向其按月支付报酬，故C选项错误。劳务派遣协议应当约定派遣岗位和人员数量、派遣期限、劳动报酬和社会保险费的数额与支付方式以及违反协议的责任，D选项正确。

34．A。劳务派遣单位派遣劳动者应当与接受以劳务派遣形式用工的单位（以下称用工单位）订立劳务派遣协议。劳务派遣协议应当约定派遣岗位和人员数量、派遣期限、劳动报酬和社会保险费的数额与支付方式以及违反协议的责任。

35．B。被派遣劳动者在用工单位因工作遭受事故伤害的，劳动派遣单位应当依法申请工伤认定，用工单位应当协助工伤认定调查核实工作。故A选项错误。用工单位不得将被派遣劳动者再派遣到其他用人单位。故C选项错误。被派遣劳动者退回后在无工作期间，劳务派遣单位应当按照不低于所在地人民政府规定的最低工资标准，向其按月支付报酬，故D选项错误。

36．B。《民法典》规定，承揽合同是承揽人按照定作人的要求完成工作，交付工作成果，定作人给付报酬的合同。承揽包括加工、定作、修理、复制、测试、检验等工作。

37．A。租赁合同期限超过20年的，超过部分无效，A选项正确。租赁合同期限6个月以上的，应当采用书面形式，未采用书面形式的，视为不定期租赁，故B、C选项项错误。租赁物在承租人按租赁合同占有期限内发生所有权变动的，不影响租赁合同的效力，D选项错误。

38．B。定作人应当按照约定的期限支付报酬。对支付报酬的期限没有约定或者约定不明确的，可以协议补充；不能达成补充协议的，按照合同有关条款或者交易习惯确定。对于不能达成补充协议，也不能按照合同有关条款或者交易习惯确定的，定作人应当在承揽人交付工作成果时支付；工作成果部分交付的，定作人应当相应支付。

39．A。《大气污染防治法》规定，从事房屋建筑、市政基础设施建设、河道整治以及建筑物拆除等施工单位，应当向负责监督管理扬尘污染防治的主管部门备案。

40．A。国家推动企业降低单位产值能耗和单位产品能耗，故B选项错误。应淘汰落后的生产能力。故C选项错误。国家实行有利于节能和环境保护的产业政策，限制发展高耗能、高污染行业，发展节能环保型产业。故D选项错误。

41．C。按照合同约定由建设单位采购墙体材料、保温材料、门窗、采暖制冷系统和照明设备的,建设单位应当保证其符合施工图设计文件要求。

42. A。在文物保护单位的建设控制地带内进行建设工程,不得破坏文物保护单位的历史风貌;工程设计方案应当根据文物保护单位的级别,经相应的文物行政部门同意后,报城乡建设规划部门批准。

43. B。建筑施工企业从事建筑施工活动前,应当依照《建筑施工企业安全生产许可证管理规定》向企业注册所在地省、自治区、直辖市人民政府住房城乡建设主管部门申请领取安全生产许可证。

44. C。建筑施工企业负责人要定期带班检查,每月检查时间不少于其工作日的25%,故A选项错误。建筑施工企业负责人带班检查时,应认真做好检查记录,并分别在企业和工程项目存档备查,故B选项错误。D选项错在"必须"二字。

45. D。《建设工程安全生产管理条例》规定,总承包单位和分包单位对分包工程的安全生产承担连带责任。

46. A。《建设工程安全生产管理条例》规定,对下列达到一定规模的危险性较大的分部分项工程编制专项施工方案,并附具安全验算结果,经施工单位技术负责人、总监理工程师签字后实施,由专职安全生产管理人员进行现场监督:(1)基坑支护与降水工程;(2)土方开挖工程;(3)模板工程;(4)起重吊装工程;(5)脚手架工程;(6)拆除、爆破工程;(7)国务院建设行政主管部门或者其他有关部门规定的其他危险性较大的工程。对以上所列工程中涉及深基坑、地下暗挖工程、高大模板工程的专项施工方案,施工单位还应当组织专家进行论证、审查。

47. B。职工因工作遭受事故伤害或者患职业病需要暂停工作接受工伤医疗的,在停工留薪期内,原工资福利待遇不变,由所在单位按月支付。停工留薪期一般不超过12个月。工伤职工在停工留薪期满后仍需治疗的,继续享受工伤医疗待遇。

48. D。较大事故是指造成3人以上10人以下死亡,或者10人以上50人以下重伤,或者1000万元以上5000万元以下直接经济损失的事故。一般事故,是指造成3人以下死亡,或者10人以下重伤,或者1000万元以下直接经济损失的事故。本题中,压死2人符合一般事故的情形。重伤11人符合较大事故的情形。同一事故中采取就高不就低原则,该事故认定为较大事故。

49. D。《安全生产法》规定,生产经营单位与从业人员订立协议,免除或者减轻其对从业人员因生产安全事故伤亡依法应承担的责任的,该协议无效。

50. C。建设单位相关的安全责任包括:(1)依法办理有关批准手续;(2)向施工单位提供真实、准确和完整的有关资料;(3)不得提出违法要求和随意压缩合同工期;(4)确定建设工程安全作业环境及安全施工措施所需费用;(5)不得要求购买、租赁和使用不符合安全施工要求的用具设备等;(6)申领施工许可证应当提供有关安全施工措施的资料;(7)装修工程和拆除工程的有关规定;(8)建设单位违法行为应承担的法律责任。

51. A。国家支持在重要行业、战略性新兴产业、关键共性技术等领域利用自主创新技术制定团体标准、企业标准,故B选项错误。制定团体标准的一般程序包括:提案、立项、起草、征求意见、技术审查、批准、编号、发布、复审,故C选项错误。团体标准由本团体成员约定采用或者按照本团体的规定供社会自愿采用,故D选项错误。

52. D。《建设工程质量管理条例》规定,施工单位必须按照工程设计图纸和施工技术标准施工,不得擅自修改工程设计,不得偷工减料。施工单位在施工过程中发现设计文件和图纸有差错的，应当及时提出意见和建议。

53. B。总分包连带质量责任。总承包单位与分包单位对分包工程的质量承担连带责任。

54. D。《建设工程质量管理条例》规定，建设单位收到建设工程竣工报告后，应当组织设计、施工、工程监理等有关单位进行竣工验收。

55. D。对建筑业企业在工程建设中需缴纳的保证金，除依法依规设立的投标保证金、履约保证金、工程质量保证金、农民工工资保证金外，其他保证金一律取消；严禁新设保证金项目。故A、B选项错误。未按规定或合同约定返还保证金的，保证金收取方应向建筑业企业支付逾期返还违约金。故C选项错误。

56. C。和解是民事纠纷的当事人在自愿互谅的基础上，就已经发生的争议进行协商、妥协与让步并达成协议，自行（无第三方参与劝说）解决争议的一种方式。故A选项错误。当事人自行达成的和解协议不具有强制执行力，在性质上仍属于当事人之间的约定。故B选项错误。和解可以在民事纠纷的任何阶段进行，无论是否已经进入诉讼或仲裁程序。故C选项正确。诉讼当事人之间为处理和结束诉讼而达成了解决争议问题的妥协或协议，其结果是撤回起诉或中止诉讼而无需判决。故D选项表述过于绝对。

57. C。当事人可以对债权请求权提出诉讼时效抗辩，但对下列债权请求权提出诉讼时效抗辩的，法院不予支持：（1）支付存款本金及利息请求权；（2）兑付国债、金融债券以及向不特定对象发行的企业债券本息请求权；（3）基于投资关系产生的缴付出资请求权；（4）其他依法不适用诉讼时效规定的债权请求权。

58. B。合法有效的仲裁协议应当具有下列法定内容：（1）请求仲裁的意思表示；（2）仲裁事项；（3）选定的仲裁委员会。

59. A。行政调解属于诉讼外调解。行政调解达成的协议不具有强制执行力。

60. D。根据《行政许可法》的规定，法律可以设定行政许可；尚未制定法律的，行政法规可以设定行政许可；尚未制定法律、行政法规的，地方性法规可以设定行政许可；尚未制定法律、行政法规和地方性法规的，因行政管理的需要，确需立即实施行政许可的，省、自治区、直辖市人民政府规章可以设定临时性的行政许可。

二、多项选择题

61. C、D、E　62. B、C、D、E　63. D、E　　　64. A、B、C、D　65. B、E
66. A、B、C、E　67. A、C、D　68. A、C　　　69. A、D、E　　70. B、C
71. A、B、C　　72. B、C、D　73. B、C、D　　74. B、C、E　　75. B、C、D
76. C、D　　　77. C、E　　　78. A、C、D、E　79. A、C、D、E　80. B、D

【解析】

61. C、D、E。地方性法规与部门规章之间对同一事项的规定不一致，不能确定如何适用时，由国务院提出意见，国务院认为应当适用地方性法规的，应当决定在该地方适用地方性法规的规定；认为应当适用部门规章的，应当提请全国人民代表大会常务委员会裁决。

62. B、C、D、E。用益物权包括土地承包经营权、建设用地使用权、宅基地使用权、居住权和地役权。

63. D、E。侵权是指公民或法人没有法律依据而侵害他人的财产权利或人身权利的行为。工程监理单位在实施监理过程中，发现存在安全事故隐患且情况严重的，有权要求施工单位暂时停止施工，故 A 选项中的监理单位的行为不属于侵权之债，其行为有相应的法律依据，这一行为也不是对施工单位财产的侵害。B 选项属于违法行为。无因管理，是指管理人员和服务人员没有法律上的特定义务，也没有受到他人委托，自觉为他人管理事务或提供服务，C 选项所述行为并不属于无因管理。

64. A、B、C、D。商标专用权是指企业、事业单位和个体工商业者对其注册的商标依法享有的专用权，A 选项正确。商标专用权的内容只包括财产权，商标设计者的人身权受著作权法保护，故 B 选项正确、E 选项错误。商标专用权包括使用权和禁止权两个方面，C 选项正确。商标专用权的保护对象是经过国家商标管理机关核准注册的商标，未经核准注册的商标不受商标法保护，D 选项正确。

65. B、E。一般保证的保证人未约定保证期间的，保证期间为主债务履行期届满之日起 6 个月，故 A、C 项错误。保证期间，债权人依法将主债权转让给第三人的，保证人在原保证担保的范围内继续承担保证责任，故 D 项错误。

66. A、B、C、E。招标人有下列行为之一的，属于以不合理条件限制、排斥潜在投标人或者投标人：（1）就同一招标项目向潜在投标人或者投标人提供有差别的项目信息；（2）设定的资格、技术、商务条件与招标项目的具体特点和实际需要不相适应或者与合同履行无关；（3）依法必须进行招标的项目以特定行政区域或者特定行业的业绩、奖项作为加分条件或者中标条件；（4）对潜在投标人或者投标人采取不同的资格审查或者评标标准；（5）限定或者指定特定的专利、商标、品牌、原产地或者供应商；（6）依法必须进行招标的项目非法限定潜在投标人或者投标人的所有制形式或者组织形式；（7）以其他不合理条件限制、排斥潜在投标人或者投标人。

67. A、C、D。《招标投标法实施条例》规定，国有资金占控股或者主导地位的依法必须进行招标的项目，应当公开招标；但有下列情形之一的，可以邀请招标：（1）技术复杂、有特殊要求或者受自然环境限制，只有少量潜在投标人可供选择；（2）采用公开招标方式的费用占项目合同金额的比例过大。

68. A、C。依法必须进行招标的项目的招标人向他人透露已获取招标文件的潜在投标人的名称、数量或者可能影响公平竞争的有关招标投标的其他情况的，或者泄露标底影响中标结果的，中标无效。招标人在评标委员会依法推荐的中标候选人以外确定中标人的，依法必须进行招标的项目在所有投标被评标委员会否决后自行确定中标人的，中标无效。

69. A、D、E。《建设工程质量管理条例》规定，违法分包，是指下列行为：（1）总承包单位将建设工程分包给不具备相应资质条件的单位的；（2）建设工程总承包合同中未有约定，又未经建设单位认可，承包单位将其承包的部分建设工程交由其他单位完成的；（3）施工总承包单位将建设工程主体结构的施工分包给其他单位的；（4）分包单位将其承包的建设工程再分包的。施工总承包企业或者专业承包企业可以将其承包工程中的劳务作业发包给劳务分包企业完成，无须经建设单位认可。

70. B、C。合同当事人违反合同义务，承担违约责任的种类主要有：继续履行、采取补救措施、停止违约行为、赔偿损失、支付违约金或定金等。

71. A、B、C。最高人民法院《关于审理建设工程施工合同纠纷案件适用法律问题的解释（一）》规定，当事人对建设工程实际竣工日期有争议的，按照以下情形分别处理：

（1）建设工程经竣工验收合格的，以竣工验收合格之日为竣工日期；（2）承包人已经提交竣工验收报告，发包人拖延验收的，以承包人提交验收报告之日为竣工日期；（3）建设工程未经竣工验收，发包人擅自使用的，以转移占有建设工程之日为竣工日期。

72．B、C、D。《劳动合同法》规定，用人单位有下列情形之一的，依法给予行政处罚；构成犯罪的，依法追究刑事责任；给劳动者造成损害的，应当承担赔偿责任：（1）以暴力、威胁或者非法限制人身自由的手段强迫劳动的；（2）违章指挥或者强令冒险作业危及劳动者人身安全的；（3）侮辱、体罚、殴打、非法搜查或者拘禁劳动者的；（4）劳动条件恶劣、环境污染严重，给劳动者身心健康造成严重损害的。

73．B、C、D。劳动争议仲裁委员会由劳动行政部门代表、同级工会代表、用人单位方面的代表组成。

74．B、C、E。用人单位招用劳动者，不得要求劳动者提供担保或者以其他名义向劳动者收取财物；不得扣押劳动者的居民身份证或者其他证件。

75．B、C、D。失业人员符合下列条件的，从失业保险基金中领取失业保险金：（1）失业前用人单位和本人已经缴纳失业保险费满1年的；（2）非因本人意愿中断就业的；（3）已经进行失业登记，并有求职要求的。

76．C、D。出租人根据承租人对出卖人、租赁物的选择订立的买卖合同，未经承租人同意，出租人不得变更与承租人有关的合同内容。故A选项错误。承租人经催告后在合理期限内仍不支付租金的，出租人可以请求支付全部租金；也可以解除合同，收回租赁物。故B选项错误。融资租赁合同因租赁物交付承租人后意外毁损、灭失等不可归责于当事人的原因解除的，出租人可以请求承租人按照租赁物折旧情况给予补偿。故E选项错误。

77．C、E。《环境噪声污染防治法》规定，在城市市区噪声敏感建筑物集中区域内，禁止夜间进行产生环境噪声污染的建筑施工作业，但抢修、抢险作业和因生产工艺上要求或者特殊需要必须连续作业的除外。因特殊需要必须连续作业的，必须有县级以上人民政府或者其有关主管部门的证明。

78．A、C、D、E。根据事故的具体情况，生产安全事故调查组由有关人民政府、安全生产监督管理部门、负有安全生产监督管理职责的有关部门、监察机关、公安机关以及工会派人组成，并应当邀请人民检察院派人参加。

79．A、C、D、E。工程技术档案和施工管理资料是工程竣工验收和质量保证的重要依据之一，主要包括以下档案和资料：（1）工程项目竣工验收报告；（2）分项、分部工程和单位工程技术人员名单；（3）图纸会审和技术交底记录；（4）设计变更通知单，技术变更核实单；（5）工程质量事故发生后调查和处理资料；（6）隐蔽验收记录及施工日志；（7）竣工图；（8）质量检验评定资料等；（9）合同约定的其他资料。

80．B、D。工程质量保修书包括如下主要内容：（1）质量保修范围；（2）质量保修期限；（3）质量保修责任。

《建设工程法规及相关知识》
考前第 2 套卷及解析

《建设工程法规及相关知识》考前第2套卷

一、单项选择题（共60题，每题1分。每题的备选项中，只有1个最符合题意）

1. 对于下列规范性文件效力的比较，正确的选项是（　　）。
   A．宪法>法律>行政规章>行政法规
   B．法律>行政法规>部门规章>地方性法规
   C．国际条约>宪法>行政规章>地方性法规
   D．宪法>法律>行政法规>行政规章

2. 甲某擅自代替某建筑公司与某钢材供应商签订了一个钢材订货合同，该合同（　　）。
   A．是否有效取决于钢材供应商是否有正当理由相信甲有代理权
   B．无效
   C．是否有效取决于钢材供应商的意愿
   D．是否有效取决于所签订的合同是不是书面合同

3. 住宅建设用地使用权期间届满的，（　　）。
   A．依法办理手续后续期　　　　　　　B．自动消灭
   C．自动续期　　　　　　　　　　　　D．由主管部门注销

4. 因合同、侵权行为、无因管理、不当得利以及法律的其他规定，权利人请求特定义务人为或者不为一定行为的权利是（　　）。
   A．物权　　　　　　　　　　　　　　B．特许物权
   C．抗辩权　　　　　　　　　　　　　D．债权

5. 受委托创作的作品，著作权的归属由委托人和受托人通过合同约定。合同未作明确约定或者没有订立合同的，著作权（　　）。
   A．属于受托人　　　　　　　　　　　B．属于委托人
   C．由委托人与受托人共同享有　　　　D．属于归国家所有

6. 在下列担保方式中，不转移对担保财产占有的是（　　）。
   A．定金　　　　　　　　　　　　　　B．质押
   C．抵押　　　　　　　　　　　　　　D．留置

7. 安装工程一切险对考核期的保险责任超过（　　），应另行加收保险费。
   A．30日　　　　　　　　　　　　　　B．45日
   C．2个月　　　　　　　　　　　　　 D．3个月

8. 民事责任的承担方式不包括（　　）。
   A．恢复原状　　　　　　　　　　　　B．消除危险
   C．赔礼道歉　　　　　　　　　　　　D．没收财产

9. 按照国务院有关规定批准开工报告的建筑工程，因故不能按期开工超过6个月的，建设单位应当（　　）手续。
   A．申请办理开工延期　　　　　　　　B．申请办理施工许可证注销
   C．重新办理开工报告的批准　　　　　D．核验开工报告批准

10. 由国务院住房城乡建设主管部门颁发的建筑业企业资质证书的变更，在企业提出变更申请后，国务院住房城乡建设主管部门应在（　　）日内办理变更手续。
    A．2　　　　　　　　　　　　　　　　B．7
    C．14　　　　　　　　　　　　　　　　D．20

11. 建造师注册有效期满需继续执业的，应当在注册有效期届满（　　）日前，按照规定申请延续注册。
    A．15　　　　　　　　　　　　　　　　B．20
    C．30　　　　　　　　　　　　　　　　D．60

12. 根据《注册建造师管理规定》，下列情形中，不予注册的有（　　）。
    A．钱某取得资格证书3年后申请注册
    B．赵某因工伤丧失了民事行为能力
    C．孙某与原单位解除劳动关系后申请变更注册
    D．李某已满60岁但仍担任单位的咨询顾问

13. 《招标投标法实施条例》规定，依法必须进行招标的项目，招标人公示中标候选人的公示期不得少于（　　）日。
    A．3　　　　　　　　　　　　　　　　B．7
    C．10　　　　　　　　　　　　　　　　D．15

14. 根据《招标投标法》，开标的主持者是（　　）。
    A．建设行政主管部门　　　　　　　　　B．招标代理机构
    C．招标人　　　　　　　　　　　　　　D．投标人推选的代表

15. 根据《招标投标法实施条例》，国有资金占控股或主导地位的依法必须进行招标的项目，关于确定中标人的说法，正确的是（　　）。
    A．评标委员会应当确定投标价格最低的投标人为中标人
    B．评标委员会应当以最接近标底价格的投标人确定为中标人
    C．招标人应该确定排名第一的中标候选人为中标人
    D．招标人可以从评标委员会推荐的前三名中标候选人中确定中标人

16. 关于评标规则的说法，正确的是（　　）。
    A．评标委员会成员的名单可在开标前予以公布
    B．投标文件未经投标单位盖章和单位负责人签字的，评标委员会应当否决其投标
    C．招标项目的标底应当在中标结果确定后公布
    D．评标委员会确定的中标候选人至少3个，并标明顺序

17. 关于投标的说法，正确的是（　　）。
    A．投标人不再具备资格预审文件、招标文件规定的资格条件的，其投标无效
    B．单位负责人为同一人的不同单位，可以参加同一标段的投标
    C．存在控股关系的不同单位，可以参加未划分标段的同一招标项目的投标
    D．投标人发生合并、分立的，其投标无效

18. 根据《招标投标法》，投标人补充、修改或者撤回已提交的投标文件，并书面通知招标人的时间期限应在（　　）。
    A．评标截止时间前　　　　　　　　　　B．评标开始前
    C．提交投标文件的截止时间前　　　　　D．投标有效期内

19. 关于联合体共同承包的说法，正确的是（　　）。
    A．联合体中标的，联合体各方就中标项目向招标人承担连带责任
    B．联合体共同承包适应范围为大型且结构复杂的建筑工程
    C．两个以上不同资质等级的单位实行联合体共同承包的，应当按照资质等级高的单位的业务许可范围承揽工程
    D．联合体中标的，联合体各方应分别与招标人签订合同

20. 在施工承包合同中约定由施工单位采购建筑材料。施工期间，建设单位要求施工单位购买某采石场的石料，理由是该石料物美价廉。对此，下面说法正确的是（　　）。
    A．施工单位可以不接受
    B．建设单位的要求，施工单位必须接受
    C．建设单位通过监理单位提出此要求，施工单位才必须接受
    D．建设单位以书面形式提出要求，施工单位就必须接受

21. 根据《建筑法》，关于建筑工程分包的说法，不正确的有（　　）。
    A．建筑工程的分包单位必须在其资质等级许可的业务范围内承揽工程
    B．资质等级较低的分包单位可以超越一个等级承接分包工程
    C．劳务作业分包不经建设单位认可
    D．严禁个人承揽分包工程业务

22. 关于建筑市场诚信行为公布的说法，正确的是（　　）。
    A．针对不良行为的整改结果不需要公示
    B．应当将整改结果列于相应不良记录后，供有关部门和社会公众查询
    C．对于警告、罚款和责令整改的行政处理都应当给予公告
    D．对于拒不整改或者整改不力的单位，信息发布部门可以延长其整改期限

23. 根据《招标投标违法行为记录公告暂行办法》，关于建筑市场诚信行为公告的说法，正确的是（　　）。
    A．招标投标违法行为记录公告在任何情况下都不得公开涉及国家秘密、商业秘密和个人隐私的记录
    B．对于取消担任评标委员会成员资格的行政处理决定应当给予公告
    C．被公告的招标投标当事人认为公告记录与行政处理决定的相关内容不符的，可向公告部门提出书面更正申请，公告部门应在接到申请后停止公告
    D．行政处理决定在被行政复议或行政诉讼期间，公告部门应暂停对违法行为记录的公告

24. 下列选项中，有关工程竣工日期的错误表述是（　　）。
    A．建设工程竣工前，当事人对工程质量发生争议，工程质量经鉴定合格的，鉴定日期为竣工日期
    B．承包人已经提交竣工验收报告，发包人拖延验收的，以承包人提交验收报告之日为竣工日期
    C．建设工程经竣工验收合格的，以竣工验收合格之日为竣工日期
    D．建设工程未经竣工验收，发包人擅自使用的，以转移占有建设工程之日为竣工日期

25. 关于发包人收到竣工结算文件后，在约定期限内不予答复，视为认可竣工结算文件的说法，正确的是（　　）。

A．必须在合同中有此约定，才可作为结算依据
B．这是法定的视为认可竣工结算文件的情形
C．即使合同通用条款中有此约定，也不能作为结算依据
D．此约定即使写入合同中，也属无效合同条款

26．根据《民法典》，债权人将合同中的权利转让给第三人的，（　　）。
A．需经债务人同意，且需办理公证手续
B．无需经债务人同意，也不必通知债务人
C．无需债务人同意，但需办理公证手续
D．无需债务人同意，但需通知债务人

27．某建筑公司与某开发公司签订了一份建设工程施工合同，合同约定由建筑公司预先垫付20%的工程款，但没有约定利息的计算方法。后两公司就工程款支付发生争议，建筑公司诉至人民法院，要求开发公司支付工程款并偿还垫付工程款的利息，人民法院应（　　）。
A．对该诉讼请求全部予以支持
B．对工程款诉讼请求予以支持，对利息诉讼请求不予支持
C．对该诉讼请求全部不予支持
D．对工程款诉讼请求不予支持，对利息诉讼请求予以支持

28．甲与乙订立了一份施工项目的材料采购合同，货款为40万元，乙向甲支付定金4万元，如任何一方不履行合同应支付违约金6万元。甲因将施工材料另卖他人而无法向乙完成交付，在乙提出的如下诉讼请求中，既能最大限度保护自己的利益，又能获得法院支持的诉讼请求是（　　）。
A．请求甲支付违约金6万元
B．请求甲双倍返还定金8万元
C．请求甲支付违约金6万元，同时请求返还支付的定金4万元
D．请求甲双倍返还定金8万元，同时请求甲支付违约金6万元

29．下列建设工程施工合同中，属于无效合同的是（　　）。
A．工程价款支付条款显失公平的合同
B．发包人对投标文件有重大误解订立的合同
C．依法必须进行招标的项目存在中标无效情形的合同
D．承包人以胁迫手段订立的施工合同

30．包工头张某借用某施工企业的资质与甲公司签订一建设工程施工合同。施工结束后，工程竣工验收质量合格，张某要求按照合同约定支付工程款遭到对方拒绝，遂诉至法院。关于该案处理的说法，正确的是（　　）。
A．合同无效，不应支付工程款
B．合同无效，应参照合同约定支付工程款
C．合同有效，应按照合同约定支付工程款
D．合同有效，应参照合同约定支付工程款

31．根据《劳动合同法》，用人单位与劳动者已建立劳动关系，未同时订立书面劳动合同的，应当自用工之日起（　　）内订立书面劳动合同。
A．1个月　　　　　　　　　　　　B．2个月
C．3个月　　　　　　　　　　　　D．半年

32. 施工企业与劳动者签订了一份期限为2年半的劳动合同,则该劳动合同中约定的试用期依法最长不得超过（　　）个月。
    A．1   B．2
    C．3   D．6

33. 根据《劳动合同法》,劳动者的下列情形中,用人单位不得解除劳动合同的是（　　）。
    A．在试用期间被证明不符合录用条件的
    B．严重违反用人单位的规章制度的
    C．患病或非因工负伤,在规定的医疗期内的
    D．被依法追究刑事责任的

34. 下列合同条款中,属于劳动合同必备条款的是（　　）。
    A．试用期   B．劳动报酬
    C．保守商业秘密   D．福利待遇

35. 根据《劳务派遣暂行规定》,被派遣劳动者在用工单位因工作遭受事故伤害,关于申请工伤认定的说法,正确的是（　　）。
    A．用工单位申请,劳务派遣单位协助
    B．被派遣劳动者申请,劳务派遣单位协助
    C．劳务派遣单位申请,用工单位协助
    D．被派遣劳动者申请,劳动行政部门协助

36. 某施工项目材料采购合同中,当事人对价款没有约定,未达成补充协议的,也无法根据合同有关条款或交易习惯确定,则应按照（　　）的市场价格履行。
    A．材料所在地   B．订立合同时履行地
    C．合同签订地   D．履行义务一方所在地

37. 承揽合同中,关于承揽人义务的说法,正确的是（　　）。
    A．承揽人发现定作人提供的材料不符合约定的,可以自行更换
    B．共同承揽人对定作人承担按份责任
    C．未经定作人许可,承揽人不得留存复制品或技术资料
    D．承揽人在工作期间,不必接受定作人必要的监督检验

38. 某设备租赁公司将一台已经出租给某劳务公司的钢筋切割机转让给某施工企业,该切割机租赁还有3个月到期。转让合同约定当切割机租赁期限结束时,劳务公司将其交付给该施工企业。该买卖合同中切割机的交付方式为（　　）。
    A．简易交付   B．拟制交付
    C．指示交付   D．占有改定

39. 位于甲省的某项目产生的建筑垃圾,欲移至乙省某地填埋,途经丙省,下列说法正确的是（　　）。
    A．向甲省环保部门申请,经乙省环保部门同意
    B．向甲省环保部门申请,经甲省环保部门同意
    C．向乙省环保部门申请,经甲省环保部门同意
    D．向乙省环保部门申请,经丙省环保部门同意

40. 关于用能单位加强能源计量管理的说法,错误的是（　　）。
    A．按照规定配备和使用经依法检定合格的能源计量器具

B．建立能源消费统计和能源利用状况分析制度
C．对各类能源消费实行分类计量和统计
D．对能源消费应实行包费制

41. 根据《绿色施工导则》，临时用电照明设计以满足最低照度为原则，照度不应超过最低照度的（　　）。
    A．10%
    B．15%
    C．20%
    D．30%

42. 在全国重点文物保护单位的保护范围内进行爆破、钻探、挖掘作业的，必须经（　　）批准。
    A．县级以上人民政府
    B．省级人民政府
    C．国务院
    D．省级文物行政部门

43. 根据《建筑施工企业安全生产许可证管理规定》，建筑施工企业取得安全生产许可证，应当经过住房城乡建设主管部门或者其他有关部门考核合格的人员是（　　）。
    A．主要负责人、部门负责人和项目负责人
    B．主要负责人、项目负责人和专职安全生产管理人员
    C．部门负责人、项目负责人和专职安全生产管理人员
    D．主要负责人、项目负责人和从业人员

44. 关于施工企业强令施工人员冒险作业的说法，正确的是（　　）。
    A．施工企业有权对不服从指令的施工人员进行处罚
    B．施工企业可以解除不服从管理的施工人员的劳动合同
    C．施工人员有权拒绝该指令
    D．施工人员必须无条件服从施工企业发出的命令，确保施工生产进度的顺利开展

45. 建筑施工企业的管理人员和作业人员每（　　）应至少进行1次安全生产教育培训并考核合格。
    A．半年
    B．2年
    C．1年
    D．3年

46. 施工现场所使用的安全警示标志（　　）。
    A．可根据建筑行业特点自行制作
    B．应依据设置的便利性选择设置地点和位置
    C．必须符合国家标准
    D．必须以图形表示

47. 根据《工伤保险条例》，可以认定为工伤或者视同工伤的有（　　）。
    A．李某取得革命伤残军人证后到企业工作，旧伤复发
    B．张某患病后，精神抑郁，酗酒过度需要进行治疗
    C．牛某因失恋，上班时间爬到公司楼顶跳楼自杀
    D．陈某在工作场所与上司产生摩擦，一怒之下，拿剪刀将自己的胸脯刺伤

48. 根据《生产安全事故报告和调查处理条例》，除了交通事故、火灾事故外的其他事故造成的伤亡人数发生变化的，应当自事故发生之日起（　　）内及时补报。
    A．60日
    B．50日
    C．40日
    D．30日

49. 某施工企业施工过程中发生生产安全事故，造成 1 人死亡，直接经济损失 320 万元。根据《生产安全事故报告和调查处理条例》，该事故等级为（ ）。
    A．特别重大事故 B．一般事故
    C．重大事故 D．较大事故

50. 根据《建设工程安全生产管理条例》，依法批准开工报告的建设工程，建设单位应当自开工报告批准之日起 15 日内，将（ ）报送建设工程所在地县级以上地方人民政府建设行政主管部门或者其他有关部门备案。
    A．施工组织方案 B．拆除建筑物的措施
    C．建设单位编制的工程概要 D．保证安全施工的措施

51. 根据《标准化法》，负责工程建设强制性国家标准的立项、编号和对外通报的单位是（ ）。
    A．省级人民政府标准化行政主管部门 B．国务院住房城乡建设行政主管部门
    C．国家标准化管理委员会 D．国务院标准化行政主管部门

52. 对于非施工单位原因造成的质量问题，施工单位也应负责返修，造成的损失及返修费用最终由（ ）负责。
    A．监理单位 B．责任方
    C．建设单位 D．施工单位

53. 根据《建设工程质量管理条例》，施工单位在隐蔽工程实施隐蔽前，应通知参加的单位和机构有（ ）。
    A．监理单位和检测机构 B．建设单位和检测机构
    C．建设单位和建设工程质量监督机构 D．监理单位和建设工程质量鉴定机构

54. 根据《建设工程质量管理条例》，下列文件中，未经审查批准，不得使用的是（ ）。
    A．技术档案文件 B．施工图设计文件
    C．质量过程控制文件 D．施工管理资料文件

55. 建设工程在超过合理使用年限后需要继续使用的，产权所有人应当委托（ ）鉴定，并根据鉴定结果采取加固、维修等措施，重新界定使用期。
    A．勘察、设计单位 B．监理单位
    C．建筑安全监督管理机构 D．工程质量监督机构

56. 根据《民事诉讼法》及司法解释，因建设工程施工合同纠纷提起诉讼的管辖法院为（ ）。
    A．工程所在地法院 B．被告所在地法院
    C．原告所在地法院 D．合同签订地法院

57. 甲诉乙建设工程施工合同纠纷一案，人民法院立案审理。在庭审中，甲方未经法庭许可中途退庭，则人民法院对该起诉讼案件（ ）。
    A．移送二审法院裁决 B．按撤诉处理
    C．按缺席判决 D．进入再审程序

58. 在仲裁程序中，当事人对仲裁协议的效力有异议的，应当在（ ）提出。
    A．答辩期内 B．仲裁案件庭审结束前
    C．仲裁案件裁决作出前 D．仲裁庭首次开庭前

59. 关于人民调解的说法，正确的有（ ）。
    A．人民调解达成的调解协议，具有强制执行效力

B．人民调解制度是一种信访辅助制度
C．当事人认为有必要的，可以自调解协议生效之日起30日内向人民法院申请司法确认
D．人民调解的组织形式是居民委员会

60．人民法院审理行政案件，不适用（　　）。
A．调解
B．开庭审理
C．公开审理
D．两审终审制

二、多项选择题（共20题，每题2分。每题的备选项中，有2个或2个以上符合题意，至少有1个错项。错选，本题不得分；少选，所选的每个选项得0.5分）

61．省、自治区、直辖市的人民代表大会及其常务委员会制定的地方性法规，报（　　）备案。
A．国务院
B．全国人民代表大会常务委员会
C．省级人民政府
D．最高人民法院
E．最高人民检察院

62．关于项目经理部及其行为法律后果的说法，正确的有（　　）。
A．其行为的法律后果由项目经理承担
B．不具备法人资格
C．是施工企业为完成某项工程建设任务而设立的组织
D．其行为的法律后果由项目经理部承担
E．其行为的法律后果由企业法人承担

63．某施工现场围挡倒塌造成路上行人腿部骨折，应当由（　　）承担连带责任。
A．建设单位
B．监理单位
C．施工单位
D．道路管理部门
E．设计单位

64．在建设工程专利保护中，专利权人有证据证明他人正在实施侵权专利权的行为，可以在起诉前向人民法院申请采取责令停止有关行为的措施。关于该专利权人向人民法院申请责令停止有关行为措施的说法，正确的有（　　）。
A．申请人提出申请时，应当提供担保
B．人民法院裁定责令停止有关行为的，应当立即执行
C．人民法院应当自接受申请之时起24小时内作出裁定
D．当事人对人民法院责令停止有关行为的裁定不服的，可以提出上诉
E．当事人对裁定不服的，可以申请复议一次；复议期间应暂停裁定的执行

65．根据《民法典》的有关规定，禁止抵押的有（　　）。
A．土地所有权
B．宅基地使用权
C．荒山承包经营权
D．学校图书馆
E．被扣押的汽车

66．根据《招标投标法》和相关法律法规，下列评标委员会的做法中，正确的有（　　）。
A．以所有投标都不符合招标文件的要求为由，否决所有投标
B．拒绝招标人在评标时提出新的评标要求
C．向招标人征询确定中标人的意向
D．在评标报告中注明评标委员会成员对评标结果的不同意见

E．以投标报价超过标底上下浮动范围为由否决投标

67．根据《招标投标法实施条例》的规定，下列属于招标人与投标人串通投标情形的是（   ）。
A．招标人在开标前开启投标文件并将有关信息泄露给其他投标人
B．投标人决定向招标人行贿
C．招标人明示或者暗示投标人压低或者抬高投标报价
D．招标人明示或者暗示投标人为特定投标人中标提供方便
E．投标时以企业定额成本作为报价基础

68．根据《招标投标法实施条例》，下列投标人的行为中，属于弄虚作假行为的有（   ）。
A．使用伪造、变造的许可证件　　　　B．投标人之间协商投标报价
C．不同投标人的投标文件相互混装　　D．投标人之间约定部分投标人放弃中标
E．提供虚假的财务状况

69．关于承包单位将承包的工程转包或违法分包的，正确的行政处罚有（   ）。
A．责令改正，没收违法所得
B．对施工企业处工程合同价款0.5%以上1%以下的罚款
C．责令停业整顿，降低资质等级
D．追究刑事责任
E．情节严重的，吊销资质证书

70．关于违约金的说法，正确的有（   ）。
A．支付违约金是一种民事责任的承担方式
B．约定的违约金低于造成的损失的，当事人可以请求人民法院或者仲裁机构予以增加
C．当事人既约定违约金又约定定金的，一方违约时，对方可以同时适用违约金条款和定金条款
D．违约方支付违约金后，非违约方有权要求其继续履行
E．约定的违约金过分高于造成的损失的，当事人可以请求人民法院或者仲裁机构予以适当减少

71．建设工程以赔偿损失方式承担违约责任的构成要件包括（   ）。
A．违反职业道德规范　　　　　　　　B．造成损失后果
C．具有违约行为　　　　　　　　　　D．违反建筑企业内部文件
E．违约行为与财产等损失之间有因果关系

72．下列社会保险中，由用人单位和职工共同缴纳的是（   ）。
A．基本养老保险　　　　　　　　　　B．基本医疗保险
C．工伤保险　　　　　　　　　　　　D．失业保险
E．生育保险

73．根据我国《劳动合同法》的规定，以下劳动合同无效的是（   ）。
A．未以书面形式订立的劳动合同
B．采取胁迫手段订立的劳动合同
C．采取欺诈手段订立的劳动合同
D．违反法律、行政法规强制性规定的劳动合同
E．未满18周岁的劳动者订立的劳动合同

74. 关于劳动工资保障制度的说法，正确的有（　　）。
    A．乡镇企业不适用最低工资标准制度
    B．延长工作时间工资不包括在最低工资内
    C．有毒有害等特殊工作条件下的津贴包括在最低工资内
    D．劳动者依法参加社会活动期间，用人单位应当依法支付工资
    E．最低工资的具体标准由省级人民政府规定，报国务院备案

75. 下列终止劳动合同的情形中，属于用人单位应当向劳动者支付经济补偿的有（　　）。
    A．劳动者在试用期间被证明不符合录用条件，用人单位解除劳动合同的
    B．未依法为劳动者缴纳社会保险费，劳动者解除劳动合同的
    C．劳动者提前30日以书面形式通知用人单位，解除劳动合同的
    D．用人单位被依法宣告破产的
    E．劳动者不能胜任工作，经过培训或者调整工作岗位，仍不能胜任工作，用人单位解除劳动合同的

76. 甲施工企业向乙机械设备公司购买了机械设备，并签订了买卖合同，合同约定乙将上述设备交由一家运输公司运输，但没有约定毁损风险的承担。则乙的主要义务有（　　）。
    A．承担机械设备运输过程中毁损的风险　　B．按合同约定交付机械设备
    C．为机械设备购买运输保险　　D．转移机械设备的所有权
    E．机械设备的瑕疵担保

77. 根据《环境噪声污染防治法》，关于对产生环境噪声污染的企业事业单位监管的说法，正确的有（　　）。
    A．产生环境噪声污染的企业事业单位，拆除或者闲置环境噪声污染防治设施的，必须事先报批
    B．征收的超标准排污费可以用于污染的防治
    C．在噪声敏感建筑物集中区域内造成严重环境噪声污染的企业事业单位，限期治理
    D．产生环境噪声污染的单位，应当采取措施进行治理，并按照国家规定缴纳超标准排污费
    E．限期治理是由省级人民政府按国务院规定的权限决定

78. 下列属于工程监理单位的安全生产责任的有（　　）。
    A．安全技术措施审查　　B．安全设备合格审查
    C．专项施工方案审查　　D．施工安全事故隐患报告
    E．施工招标文件审查

79. 在正常使用条件下，关于建设工程质量法定最低保修期限的说法，正确的有（　　）。
    A．屋面防水工程为5年
    B．供热与供冷系统为2个采暖期、供冷期
    C．基础设施工程为设计文件规定的该工程的合理使用年限
    D．给排水管道为2年
    E．装修工程为5年

80. 根据《民事诉讼法》，起诉必须符合的条件有（　　）。
    A．原告是与本案有直接利害关系的公民、法人和其他组织

B．有明确的被告
C．有具体的诉讼请求和理由
D．事实清楚，证据确实充分
E．属于人民法院受理民事诉讼的范围和受诉人民法院管辖

考前第2套卷参考答案及解析

一、单项选择题

1. D	2. A	3. C	4. D	5. A
6. C	7. D	8. D	9. C	10. A
11. C	12. B	13. A	14. C	15. C
16. B	17. A	18. C	19. A	20. A
21. B	22. B	23. B	24. A	25. B
26. D	27. B	28. C	29. C	30. B
31. A	32. B	33. C	34. B	35. C
36. B	37. C	38. C	39. A	40. D
41. C	42. B	43. B	44. C	45. C
46. C	47. A	48. D	49. B	50. D
51. D	52. B	53. C	54. C	55. A
56. A	57. B	58. D	59. C	60. A

【解析】

1. D。宪法具有最高的法律效力。法律的效力是仅次于宪法而高于其他法的形式。行政法规的法律地位和法律效力仅次于宪法和法律，高于行政规章。

2. A。《民法典》规定，行为人没有代理权、超越代理权或者代理权终止后，仍然实施代理行为，相对人有理由相信行为人有代理权的，代理行为有效。

3. C。住宅建设用地使用权期间届满的，自动续期。续期费用的缴纳或者减免，依照法律、行政法规的规定办理。非住宅建设用地使用权期间届满后的续期，依照法律规定办理。

4. D。债权是在债的关系中权利主体具备的能够要求义务主体为一定行为或者不为一定行为的权利。

5. A。受委托创作的作品，著作权的归属由委托人和受托人通过合同约定。合同未作明确约定或者没有订立合同的，著作权属于受托人。

6. C。按照《民法典》的规定，为担保债务的履行，债务人或者第三人不转移对财产的占有，将该财产抵押给债权人的，债务人不履行到期债务或者发生当事人约定的实现抵押权的情形，债权人有权就该财产优先受偿。

7. D。安装工程一切险对考核期的保险责任一般不超过3个月，若超过3个月，应另行加收保险费。

8. D。《民法典》规定，承担民事责任的方式主要有：（1）停止侵害；（2）排除妨碍；（3）消除危险；（4）返还财产；（5）恢复原状；（6）修理、重作、更换；（7）继续履行；（8）赔偿损失；（9）支付违约金；（10）消除影响、恢复名誉；（11）赔礼道歉。以上承担民事责任的方式，可以单独使用，也可以合并使用。

9. C。《建筑法》规定，按照国务院有关规定批准开工报告的建筑工程，因故不能按期开工或者中止施工的，应当及时向批准机关报告情况。因故不能按期开工超过6个月的，应当重新办理开工报告的批准手续。

10. A。由国务院住房城乡建设主管部门颁发的建筑业企业资质证书的变更，企业应当向企业工商注册所在地省、自治区、直辖市人民政府住房城乡建设主管部门提出变更申请，省、自治区、直辖市人民政府住房城乡建设主管部门应当自受理申请之日起2日内将有关变更证明材料报国务院住房城乡建设主管部门，由国务院住房城乡建设主管部门在2日内办理变更手续。

11. C。建造师注册有效期满需继续执业的，应当在注册有效期届满30日前，按照规定申请延续注册。

12. B。《注册建造师管理规定》中规定，申请人有下列情形之一的，不予注册：（1）不具有完全民事行为能力的；（2）申请在两个或者两个以上单位注册的；（3）未达到注册建造师继续教育要求的；（4）受到刑事处罚，刑事处罚尚未执行完毕的；（5）因执业活动受到刑事处罚，自刑事处罚执行完毕之日起至申请注册之日止不满5年的；（6）因前项规定以外的原因受到刑事处罚，自处罚决定之日起至申请注册之日止不满3年的；（7）被吊销注册证书，自处罚决定之日起至申请注册之日止不满2年的；（8）在申请注册之日前3年内担任项目经理期间，所负责项目发生过重大质量和安全事故的；（9）申请人的聘用单位不符合注册单位要求的；（10）年龄超过65周岁的；（11）法律、法规规定不予注册的其他情形。

13. A。《招标投标法实施条例》规定，依法必须进行招标的项目，招标人应当自收到评标报告之日起3日内公示中标候选人，公示期不得少于3日。

14. C。开标由招标人主持，邀请所有投标人参加。

15. C。《招标投标法实施条例》规定，国有资金占控股或者主导地位的依法必须进行招标的项目，招标人应当确定排名第一的中标候选人为中标人。

16. B。评标委员会成员的名单在中标结果确定前应当保密，故A选项错误。招标项目设有标底的，招标人应当在开标时公布，故C选项错误。中标候选人应当不超过3个，并标明排序，故D选项错误。

17. A。投标人不再具备资格预审文件、招标文件规定的资格条件或者其投标影响招标公正性的，其投标无效。故A选项正确。单位负责人为同一人或者存在控股、管理关系的不同单位，不得参加同一标段投标或者未划分标段的同一招标项目投标。故B、C选项错误。投标人发生合并、分立、破产等重大变化的，应当及时书面告知招标人。故D选项错误。

18. C。《招标投标法》规定，投标人在招标文件要求提交投标文件的截止时间前，可以补充、修改或者撤回已提交的投标文件，并书面通知招标人。

19. A。联合体中标的，联合体各方应当共同与招标人签订合同，就中标项目向招标人承担连带责任。故A选项正确、D选项错误。联合体投标一般适用于大型的或结构复杂的建设项目，故B选项错误。两个以上不同资质等级的单位实行联合体共同承包的，应当按照资质等级低的单位的业务许可范围承揽工程，故C选项错误。

20. A。《建筑法》规定，按照合同约定，建筑材料、建筑构配件和设备由工程承包单位采购的，发包单位不得指定承包单位购入用于工程的建筑材料、建筑构配件和设备或者指定生产厂、供应商。

21. B。《建筑法》规定，建筑工程总承包单位可以将承包工程中的部分工程发包给具有相应资质条件的分包单位；但是，除总承包合同中约定的分包外，必须经建设单位认可。禁止总承包单位将工程分包给不具备相应资质条件的单位。禁止建筑施工企业超越本企业资质等级许可的业务范围或者以任何形式用其他建筑施工企业的名义承揽工程。承包建筑工程的单位应当持有依法取得的资质证书，并在其资质等级许可的业务范围内承揽工程。这一规定同样适用于工程分包单位。不具备资质条件的单位不允许承包建设工程，也不得承接分包工程。《房屋建筑和市政基础设施工程施工分包管理办法》还规定，严禁个人承揽分包工程业务。建设单位不得直接指定分包工程承包人。劳务作业分包由劳务作业发包人与劳务作业承包人通过劳务合同约定，可不经建设单位认可。

22. B。A选项错在"不需要"三个字。"责令整改"并不在公告范围之内，故C选项错误。D选项的正确表述为：对于拒不整改或整改不力的单位，信息发布部门可延长其不良行为记录信息公布期限。

23. B。招标投标违法行为记录公告不得公开涉及国家秘密、商业秘密、个人隐私的记录。但是，经权利人同意公开或者行政机关认为不公开可能对公共利益造成重大影响的涉及商业秘密、个人隐私的违法行为记录，可以公开。A选项的表述过于绝对，故不选。C选项的表述有误，公告部门在作出答复前不停止对违法行为记录的公告。行政处理决定在被行政复议或行政诉讼期间，公告部门依法不停止对违法行为记录的公告，故D选项错误。

24. A。最高人民法院《关于审理建设工程施工合同纠纷案件适用法律问题的解释（一）》规定，当事人对建设工程实际竣工日期有争议的，按照以下情形分别处理：（1）建设工程经竣工验收合格的，以竣工验收合格之日为竣工日期；（2）承包人已经提交竣工验收报告，发包人拖延验收的，以承包人提交验收报告之日为竣工日期；（3）建设工程未经竣工验收，发包人擅自使用的，以转移占有建设工程之日为竣工日期。

25. B。最高人民法院《关于审理建设工程施工合同纠纷案件适用法律问题的解释（一）》规定，当事人约定，发包人收到竣工结算文件后，在约定期限内不予答复，视为认可竣工结算文件的，按照约定处理。此为法定的视为认可竣工结算文件的情形。

26. D。《民法典》规定，债权人转让债权，未通知债务人的，该转让对债务人不发生效力。

27. B。根据最高人民法院《关于审理建设工程施工合同纠纷案件适用法律问题的解释（一）》，当事人对垫资和垫资利息有约定，承包人请求按照约定返还垫资及其利息的，应予支持。当事人对垫资没有约定的，按照工程欠款处理。当事人对垫资利息没有约定，承包人请求支付利息的，不予支持。

28. C。《民法典》规定，当事人可以约定一方向对方给付定金作为债权的担保。给付定金的一方不履行约定的债务的，无权要求返还定金；收受定金的一方不履行约定的债务的，应当双倍返还定金。当事人既约定违约金，又约定定金的，一方违约时，对方可以选择适用违约金或者定金条款。选择违约金条款，并不意味着定金不可以收回。定金无法收回的情况仅仅发生在给付定金的一方不履行约定的债务的情况下。本题中，6万+4万=10万＞4万×2=8万。故C选项能够最大限度保护乙的利益。

29. C。最高人民法院《关于审理建设工程施工合同纠纷案件适用法律问题的解释

（一）》规定，建设工程施工合同具有下列情形之一的认定无效：（1）承包人未取得建筑施工企业资质或者超越资质等级的；（2）没有资质的实际施工人借用有资质的建筑施工企业名义的；（3）建设工程必须进行招标而未招标或者中标无效的。

30．B。《民法典》规定，建设工程施工合同无效，但建设工程经竣工验收合格，可以参照合同关于工程价款的约定折价补偿承包人。

31．A。《劳动合同法》规定，建立劳动关系，应当订立书面劳动合同。已建立劳动关系，未同时订立书面劳动合同的，应当自用工之日起1个月内订立书面劳动合同。

32．B。劳动合同期限3个月以上不满1年的，试用期不得超过1个月；劳动合同期限1年以上不满3年的，试用期不得超过2个月；3年以上固定期限和无固定期限的劳动合同，试用期不得超过6个月。同一用人单位与同一劳动者只能约定1次试用期。

33．C。《劳动合同法》规定，劳动者有下列情形之一的，用人单位不得依照该法第40条、第41条的规定解除劳动合同：（1）从事接触职业病危害作业的劳动者未进行离岗前职业健康检查，或者疑似职业病病人在诊断或者医学观察期间的；（2）在本单位患职业病或者因工负伤并被确认丧失或者部分丧失劳动能力的；（3）患病或者非因工负伤，在规定的医疗期内的；（4）女职工在孕期、产期、哺乳期的；（5）在本单位连续工作满15年，且距法定退休年龄不足5年的；（6）法律、行政法规规定的其他情形。

34．B。劳动合同应当具备以下条款：（1）用人单位的名称、住所和法定代表人或者主要负责人；（2）劳动者的姓名、住址和居民身份证或者其他有效身份证件号码；（3）劳动合同期限；（4）工作内容和工作地点；（5）工作时间和休息休假；（6）劳动报酬；（7）社会保险；（8）劳动保护、劳动条件和职业危害防护；（9）法律、法规规定应当纳入劳动合同的其他事项。劳动合同除上述规定的必备条款外，用人单位与劳动者可以约定试用期、培训、保守秘密、补充保险和福利待遇等其他事项。

35．C。《劳务派遣暂行规定》规定，用工单位应当按照劳动合同法第62条规定，向被派遣劳动者提供与工作岗位相关的福利待遇，不得歧视被派遣劳动者。被派遣劳动者在用工单位因工作遭受事故伤害的，劳务派遣单位应当依法申请工伤认定，用工单位应当协助工伤认定的调查核实工作。

36．B。对价款的数额和支付方式没有约定或者约定不明确的，可以协议补充；不能达成补充协议的，按照合同有关条款或者交易习惯确定。对于不能达成补充协议，也不能按照合同有关条款或者交易习惯确定的，按照订立合同时履行地的市场价格履行；依法应当执行政府定价或者政府指导价的，按照规定履行。

37．C。如果定作人提供材料的，承揽人发现不符合约定时，应当及时通知定作人更换、补齐或者采取其他补救措施，不得擅自更换定作人提供的材料，不得更换不需要修理的零部件，A选项错误。共同承揽人对定作人承担连带责任，B选项错误。承揽人应当按照定作人的要求保守秘密，未经定作人许可，不得留存复制品或者技术资料，C选项正确。承揽人在工作期间，应当接受定作人必要的监督检验，D选项错误。

38．C。交付的方式包括：现实交付、简易交付、占有改定、指示交付、拟制交付。其中，指示交付指的是合同成立时，标的物为第三人合法占有，买受人取得了返还标的物请求权。

39．A。《固体废物污染环境防治法》规定，转移固体废物出省、自治区、直辖市行政区域贮存、处置的，应当向固体废物移出地的省、自治区、直辖市人民政府生态环境保护行政主管部门提出申请。移出地的省、自治区、直辖市人民政府生态环境保护行政主管部门应当商经接受地的省、自治区、直辖市人民政府生态环境保护行政主管部门同意后，方可批准转移该固体废物出省、自治区、直辖市行政区域。未经批准的，不得转移。

40．D。用能单位应当加强能源计量管理，按照规定配备和使用经依法检定合格的能源计量器具。用能单位应当建立能源消费统计和能源利用状况分析制度，对各类能源的消费实行分类计量和统计，并确保能源消费统计数据真实、完整。任何单位不得对能源消费实行包费制。

41．C。根据《绿色施工导则》的规定，临时用电照明设计以满足最低照度为原则，照度不应超过最低照度的20%。

42．B。在全国重点文物保护单位的保护范围内进行其他建设工程或者爆破、钻探、挖掘等作业的，必须经省、自治区、直辖市人民政府批准，在批准前应当征得国务院文物行政部门同意。

43．B。根据《建筑施工企业安全生产许可证管理规定》的规定，建筑施工企业取得安全生产许可证，其主要负责人、项目负责人、专职安全生产管理人员经建设主管部门或者其他有关部门考核合格。

44．C。《建设工程安全生产管理条例》规定，作业人员有权对施工现场的作业条件、作业程序和作业方式中存在的安全问题提出批评、检举和控告，有权拒绝违章指挥和强令冒险作业。

45．C。《建设工程安全生产管理条例》规定，施工单位应当对管理人员和作业人员每年至少进行一次安全生产教育培训，其教育培训情况记入个人工作档案。安全生产教育培训考核不合格的人员，不得上岗。

46．C。根据《建设工程安全生产管理条例》的规定，施工现场所使用的安全警示标志必须符合国家标准。

47．A。职工原在军队服役，因战、因公负伤致残，已取得革命伤残军人证，到用人单位后旧伤复发的，视同工伤，A选项正确。B、C、D选项均属于不得认定为工伤或者视同工伤的情形。

48．D。《生产安全事故报告和调查处理条例》规定，自事故发生之日起30日内，事故造成的伤亡人数发生变化的，应当及时补报。道路交通事故、火灾事故自发生之日起7日内，事故造成的伤亡人数发生变化的，应当及时补报。

49．B。一般事故，是指造成3人以下死亡，或者10人以下重伤，或者1000万元以下直接经济损失的事故。

50．D。《建设工程安全生产管理条例》规定，依法批准开工报告的建设工程，建设单位应当自开工报告批准之日起15日内，将保证安全施工的措施报送建设工程所在地的县级以上地方人民政府建设行政主管部门或者其他有关部门备案。

51．D。《标准化法》规定，国务院有关行政主管部门依据职责负责强制性国家标准的项目提出、组织起草、征求意见和技术审查。国务院标准化行政主管部门负责强制性国家标准的立项、编号和对外通报。

52．B。对于非施工单位原因造成的质量问题，施工单位也应当负责返修，但是因此而造成的损失及返修费用由责任方负责。

53．C。根据《建设工程质量管理条例》的规定，隐蔽工程在隐蔽前，施工单位应当通知建设单位和建设工程质量监督机构。

54. B。《建设工程质量管理条例》规定，施工图设计文件未经审查批准的，不得使用。

55. A。《建设工程质量管理条例》规定，建设工程在超过合理使用年限后需要继续使用的，产权所有人应当委托具有相应资质等级的勘察、设计单位鉴定，并根据鉴定结果采取加固、维修等措施，重新界定使用期。

56. A。《民事诉讼法》规定，因不动产纠纷提起的诉讼，由不动产所在地人民法院管辖。《民事诉讼法解释》规定，建设工程施工合同纠纷按照不动产纠纷确定管辖。

57. B。根据《民事诉讼法》的规定，原告经传票传唤，无正当理由拒不到庭的，或者未经法庭许可中途退庭的，可以按撤诉处理；被告反诉的，可以缺席判决。

58. D。当事人对仲裁协议效力有异议的，应当在仲裁庭首次开庭前提出。

59. C。人民调解达成的调解协议，不具有强制执行效力，故选项A错误。人民调解制度是一种司法辅助制度，故选项B错误。人民调解的组织形式是人民调解委员会，故D选项错误。

60. A。根据《行政诉讼法》的规定，法院审理行政案件，不适用调解。

二、多项选择题

61. A、B	62. B、C、E	63. A、C	64. A、B	65. A、B、D、E
66. A、B、D	67. A、C、D	68. A、E	69. A、B、C、E	70. A、B、D、E
71. B、C、E	72. A、B、D	73. C、D	74. D	75. B、D、E
76. B、D、E	77. B、C、D	78. A、C、D	79. A、B、C、D	80. A、B、C、E

【解析】

61. A、B。省、自治区、直辖市的人民代表大会及其常务委员会制定的地方性法规，报全国人民代表大会常务委员会和国务院备案。

62. B、C、E。项目经理部不具备独立的法人资格，其行为的法律后果应由企业法人承担。故A、D选项错误，B、E选项正确。项目经理部是施工企业为了完成某项建设工程施工任务而设立的组织，C选项正确。

63. A、C。《民法典》规定，建筑物、构筑物或者其他设施倒塌、塌陷造成他人损害的，由建设单位与施工单位承担连带责任，但是建设单位与施工单位能够证明不存在质量缺陷的除外。

64. A、B。专利权人或者利害关系人有证据证明他人正在实施或者即将实施侵犯专利权的行为，如不及时制止将会使其合法权益受到难以弥补的损害的，可以在起诉前向人民法院申请采取责令停止有关行为的措施。申请人提出申请时，应当提供担保；不提供担保的，驳回申请。人民法院应当自接受申请之时起48小时内作出裁定；有特殊情况需要延长的，可以延长48小时。裁定责令停止有关行为的，应当立即执行。当事人对裁定不服的，可以申请复议一次；复议期间不停止裁定的执行。

65. A、B、D、E。下列财产不得抵押：（1）土地所有权；（2）宅基地、自留地、自留山等集体所有的土地使用权，但是法律规定可以抵押的除外；（3）学校、幼儿园、医疗机构等以公益为目的成立的非营利法人的教育设施、医疗卫生设施和其他社会公益设施；（4）所有权、使用权不明或者有争议的财产；（5）依法被查封、扣押、监管的财产；（6）法

17

律、行政法规规定不得抵押的其他财产。

66. A、B、D。评标委员会经评审，认为所有投标都不符合招标文件要求的，可以否决所有投标，A选项正确。评标委员会应当按照招标文件规定的评标标准和方法，客观、公正地对投标文件提出评审意见，招标文件没有规定的评标标准和方法不得作为评标的依据，B选项正确。评标委员会不得向招标人征询确定中标人的意向，C选项错误。对评标结果有不同意见的评标委员会成员应当以书面形式说明其不同意见和理由，评标报告应当注明该不同意见，D选项正确。标底只能作为评标的参考，评标委员会不得以投标报价超过标底上下浮动范围作为否决投标的条件，E选项错误。

67. A、C、D。《招标投标法实施条例》规定，有下列情形之一的，属于招标人与投标人串通投标：
（1）招标人在开标前开启投标文件并将有关信息泄露给其他投标人；
（2）招标人直接或者间接向投标人泄露标底、评标委员会成员等信息；
（3）招标人明示或者暗示投标人压低或者抬高投标报价；
（4）招标人授意投标人撤换、修改投标文件；
（5）招标人明示或者暗示投标人为特定投标人中标提供方便；
（6）招标人与投标人为谋求特定投标人中标而采取的其他串通行为。

68. A、E。《招标投标法实施条例》规定，投标人有下列情形之一的，属于招标投标法第33条规定的以其他方式弄虚作假的行为：（1）使用伪造、变造的许可证件；（2）提供虚假的财务状况或者业绩；（3）提供虚假的项目负责人或者主要技术人员简历、劳动关系证明；（4）提供虚假的信用状况；（5）其他弄虚作假的行为。

69. A、B、C、E。《建设工程质量管理条例》规定，承包单位将承包的工程转包或者违法分包的，责令改正，没收违法所得，对勘察设计单位处合同约定的勘察费、设计费25%以上50%以下的罚款；对施工单位处工程合同价款0.5%以上1%以下的罚款；可以责令停业整顿，降低资质等级；情节严重的，吊销资质证书。

70. A、B、D、E。当事人既约定违约金，又约定定金的，一方违约时对方可以选择适用违约金或者定金条款，故C选项错误。

71. B、C、E。承担赔偿损失责任的构成要件是：（1）具有违约行为；（2）造成损失后果；（3）违约行为与财产等损失之间有因果关系；（4）违约人有过错，或者虽无过错，但法律规定应当赔偿。

72. A、B、D。工伤保险和生育保险只由用人单位缴纳，职工不缴纳。

73. B、C、D。下列劳动合同无效或者部分无效：（1）以欺诈、胁迫的手段或者乘人之危，使对方在违背真实意思的情况下订立或者变更劳动合同的；（2）用人单位免除自己的法定责任、排除劳动者权利的；（3）违反法律、行政法规强制性规定的。

74. B、D。《劳动法》规定，用人单位支付劳动者的工资不得低于当地最低工资标准，A选项错误。用人单位应支付给劳动者的工资在剔除下列各项以后，不得低于当地最低工资标准：延长工作时间工资；中班、夜班、高温、低温、井下、有毒有害等特殊工作环境、条件下的津贴等。由此可见B选项正确、C选项错误。劳动者在法定休假日、婚丧假期间、探亲假期间、产假期间和依法参加社会活动期间以及非因劳动者原因停工期间，用人单位应当依法支付工资，故D选项正确。最低工资的具体标准除可以由省人民政府规定以外，也可由自治区、直辖市人民政府规定，故E选项错误。

75．B、D、E。《劳动合同法》规定，有下列情形之一的，用人单位应当向劳动者支付经济补偿：

（1）劳动者依照《劳动合同法》第38条规定解除劳动合同的；

（2）用人单位向劳动者提出解除劳动合同并与劳动者协商一致解除劳动合同的；

（3）用人单位依照《劳动合同法》40条规定解除劳动合同的；

（4）用人单位依照《劳动合同法》第41条第1款规定解除劳动合同的；

（5）除用人单位维持或者提高劳动合同约定条件续订劳动合同，劳动者不同意续订的情形外，依照《劳动合同法》第44条第1项规定终止固定期限劳动合同的；

（6）依照《劳动合同法》第44条第4项、第5项规定终止劳动合同的；

（7）法律、行政法规规定的其他情形。

B选项属于《劳动合同法》第38条规定的情形。D选项属于《劳动合同法》第44条第4项规定的情形。E选项属于《劳动合同法》第40条规定的情形。

76．B、D、E。乙为该买卖合同的出卖人。出卖人的主要义务包括：按照合同约定交付标的物；转移标的物所有权；瑕疵担保。

77．A、B、C、D。根据《环境噪声污染防治法》的规定，产生环境噪声污染的企业事业单位，必须保持防治环境噪声污染的设施的正常使用；拆除或者闲置环境噪声污染防治设施的，必须事先报经所在地的县级以上地方人民政府环境保护行政主管部门批准。产生环境噪声污染的单位，应当采取措施进行治理，并按照国家规定缴纳超标准排污费。征收的超标准排污费必须用于污染的防治，不得挪作他用。限期治理由县级以上人民政府按照国务院规定的权限决定，故E选项错误。在这里要对B选项进行说明，将征收的超标准排污费用于污染的防治，符合法律规定，故B选项正确。

78．A、C、D。工程监理单位的安全责任包括：

（1）对安全技术措施或专项施工方案进行审查；

（2）依法对施工安全事故隐患进行处理；

（3）承担建设工程安全生产的监理责任。

79．A、B、C、D。《建设工程质量管理条例》规定，在正常使用条件下，建设工程的最低保修期限为：

（1）基础设施工程、房屋建筑的地基基础工程和主体结构工程，为设计文件规定的该工程的合理使用年限；

（2）屋面防水工程、有防水要求的卫生间、房间和外墙面的防渗漏，为5年；

（3）供热与供冷系统，为2个采暖期、供冷期；

（4）电气管线、给排水管道、设备安装和装修工程，为2年。其他项目的保修期限由发包方与承包方约定。

80．A、B、C、E。《民事诉讼法》规定，起诉必须符合下列条件：（1）原告是与本案有直接利害关系的公民、法人和其他组织；（2）有明确的被告；（3）有具体的诉讼请求、事实和理由；（4）属于人民法院受理民事诉讼的范围和受诉人民法院管辖。

《建设工程法规及相关知识》
考前第 1 套卷及解析

《建设工程法规及相关知识》考前第1套卷

一、单项选择题（共60题，每题1分。每题的备选项中，只有1个最符合题意）

1. 法律之间对同一事项的新的一般规定与旧的特别规定不一致，不能确定如何适用时，由（　　）裁决。
   A．国务院
   B．最高人民法院
   C．全国人民代表大会
   D．全国人民代表大会常务委员会

2. 关于项目经理的说法，正确的是（　　）。
   A．项目经理的权利来自于企业法人的授权
   B．施工项目可以不设项目经理
   C．项目经理具有相对独立的法人资格
   D．由项目经理签字的材料款项未及时支付，材料供应商应以项目经理为被告进行起诉

3. 所有权内容的核心是（　　）。
   A．占有权
   B．使用权
   C．收益权
   D．处分权

4. 建筑物、构筑物或者其他设施倒塌、塌陷造成他人损害的，由建设单位与施工企业承担连带责任。该责任在债的产生根据中属于（　　）之债。
   A．侵权
   B．合同
   C．无因管理
   D．不当得利

5. 关于注册商标有效期的说法，正确的是（　　）。
   A．10年，自申请之日起计算
   B．10年，自核准注册之日起计算
   C．20年，自申请之日起计算
   D．20年，自核准注册之日起计算

6. 在保证合同中未约定保证方式的，保证人（　　）。
   A．不承担保证责任
   B．承担一般保证责任
   C．承担连带保证责任
   D．保证合同无效

7. 建设工程一切险保险合同于2015年3月1日签订，建设工程承包合同约定工程开工日期为2015年3月20日。为保证工程如期开工，承包人于2015年3月10日将建筑材料运至工地，一切准备就绪，承包人提前两天正式开工。建筑工程一切险的保险责任开始时间为（　　）。
   A．2015年3月1日
   B．2015年3月20日
   C．2015年3月10日
   D．2015年3月18日

8. 某开发商在一大型商场项目的开发建设中，违反国家规定，擅自降低工程质量标准，因而造成重大安全事故。该事故的直接责任人员应当承担的刑事责任是（　　）。
   A．重大责任事故罪
   B．工程重大安全事故罪
   C．重大劳动安全事故罪
   D．危害公共安全罪

9. 甲房地产开发公司将一住宅小区工程以施工总承包方式发包给乙建筑公司，建筑公司又将其中场地平整及土方工程分包给丙土方公司。在工程开工前，应当由（　　）按照有

关规定申请领取施工许可证。
A．乙建筑公司　　　　　　　　　B．丙土方公司
C．甲房地产开发公司和乙建筑公司共同　　D．甲房地产开发公司

10. 下列关于企业资质申请相关事项的表述，正确的是（　　）。
   A．企业只能申请一项建筑业企业资质
   B．企业可以申请多项建筑业企业资质
   C．企业首次申请资质，应当申请最高等级资质
   D．企业增项申请资质，应当申请最高等级资质

11. 某项目经理于 2016 年 11 月 19 日参加二级建造师执业资格统一考试，并于 2018 年 2 月 13 日取得建造师资格证书。该项目经理若以注册建造师名义执业，最迟应当于（　　）之前提出注册申请。
   A．2017 年 11 月 19 日　　　　　B．2018 年 3 月 13 日
   C．2019 年 11 月 19 日　　　　　D．2021 年 2 月 13 日

12. 《注册建造师执业管理办法（试行）》规定，注册建造师变更聘用企业的，应当在与新聘用企业签订聘用合同后的（　　）个月内，通过新聘用企业申请办理变更手续。
   A．1　　　　　　　　　　　　　B．2
   C．3　　　　　　　　　　　　　D．4

13. 投标有效期应从（　　）之日起计算。
   A．开始提交投标文件　　　　　　B．提交投标保证金
   C．确定中标结果　　　　　　　　D．招标文件规定的提交投标文件截止

14. 根据《招标投标法》，依法必须进行招标的项目，自招标文件开始发出之日起至投标人提交投标文件截止之日止，最短为（　　）日。
   A．15　　　　　　　　　　　　　B．20
   C．5　　　　　　　　　　　　　　D．10

15. 关于评标的说法，正确的是（　　）。
   A．评标委员会认为所有投标都不符合招标文件要求的，可以否决所有投标
   B．招标项目设有标底的，可以以投标报价是否接近标底作为中标条件
   C．评标委员会成员拒绝在评标报告上签字的，视为不同意评标结果
   D．投标文件中有含义不明确的内容的，评标委员会可以口头要求投标人作出必要澄清、说明

16. 关于对招标文件异议的说法，正确的是（　　）。
   A．招标人作出答复前，应当暂停招标投标活动
   B．应当在投标截止时间 15 日前提出
   C．招标人应当自收到异议之日起 5 日内作出答复
   D．应当直接向有关行政监督部门投诉

17. 根据《招标投标法》，可以确定中标人的主体是（　　）。
   A．经招标人授权的招标代理机构
   B．招标投标行政监督部门
   C．公共资源交易中心
   D．经招标人授权的评标委员会

18. 关于投标文件的送达和接收的说法，正确的是（   ）。
    A．投标文件逾期送达的，可以推迟开标
    B．未按招标文件要求密封的投标文件，招标人不得拒收
    C．招标人签收投标文件后，特殊情况下，经批准可以在开标前开启投标文件
    D．招标文件可以在法定拒收情形外另行规定投标文件的拒收情形

19. 关于联合体投标的说法，正确的是（   ）。
    A．联合体成员中至少有一方应当具备承担招标项目的相应能力
    B．由同一专业的单位组成的联合体，按照资质等级较高的单位确定资质等级
    C．联合体中标的，联合体各方应当共同与招标人订立合同，就中标项目向招标人承担按份责任
    D．两个以上法人或者其他组织可以组成一个联合体，以一个投标人的身份共同投标

20. 《招标投标法实施条例》规定，招标人接受未通过资格预审的单位或者个人参加投标的，有关行政监督部门应责令改正，处（   ）的罚款。
    A．10万元以上15万元以下
    B．10万元以上20万元以下
    C．10万元以下
    D．20万元以下

21. 某人挂靠某建筑施工企业并以该企业的名义承揽工程，因工程质量不合格给建设单位造成较大损失，关于责任承担的说法，正确的是（   ）。
    A．建筑施工企业与挂靠个人承担连带赔偿责任
    B．挂靠的个人承担全部责任
    C．建筑施工企业承担全部责任
    D．建筑施工企业与挂靠个人按比例承担责任

22. 关于建筑市场行为公布的说法，正确的是（   ）。
    A．行政处理决定在被行政复议或者行政诉讼期间，公告部门应当停止对违法行为记录的公告
    B．招标投标违法行为记录公告涉及国家秘密、商业秘密和个人隐私的记录一律不得公开
    C．原行政处理决定被依法变更或撤销的，公告部门应当及时对公告记录予以变更或撤销，但无需在公告平台上予以声明
    D．企业整改经审核确实有效的，可以缩短其不良行为记录信息公布期限，但公布期限最短不得少于3个月

23. 《建筑业企业资质管理规定》中规定，企业未按照本规定要求提供企业信用档案信息的，由县级以上地方人民政府住房城乡建设主管部门或者其他有关部门给予警告，责令限期改正；逾期未改正的，可处以（   ）。
    A．降低资质等级
    B．撤回资质证书
    C．1000元以上1万元以下的罚款
    D．吊销资质证书

24. 建设工程合同应当采用的形式是（   ）。
    A．书面形式
    B．口头形式
    C．口头形式为原则，书面形式为例外
    D．书面形式为原则，口头形式为例外

25. 承包人已经提交竣工验收报告，发包人拖延验收的，竣工日期（   ）。
    A．以合同约定的竣工日期为准
    B．相应顺延

C．以承包人提交竣工报告之日为准　　　D．以实际通过的竣工验收之日为准

26. 甲公司向乙公司购买50t水泥。后甲通知乙需要更改购买数量，但一直未明确具体数量。交货期届至，乙将50t水泥交付给甲，甲拒绝接受，理由是已告知要变更合同。关于双方合同关系的说法，正确的是（　　）。
    A．乙承担损失
    B．甲可根据实际情况部分接收
    C．甲拒绝接受，应承担违约责任
    D．双方合同已变更，乙送货构成违约

27. 下列关于合同示范文本的说法中，正确的是（　　）。
    A．合同示范文本对当事人订立合同起参考作用
    B．当事人必须采用合同示范文本
    C．合同示范文本具有法律强制性
    D．合同的成立与生效同当事人是否采用合同示范文本有直接关系

28. 乙施工企业向甲建设单位主张支付工程款，甲以工程质量不合格为由拒绝支付。乙将其工程款的债权转让给丙并通知了甲。丙向甲主张该债权时，甲仍以质量原因拒绝支付。关于该案中债权转让的说法，正确的是（　　）。
    A．乙的债权属于法定不得转让的债权
    B．甲可以向丙行使因质量原因拒绝支付的抗辩
    C．乙转让债权应当经过甲同意
    D．乙转让债权的通知可以不用通知甲

29. 承包商向水泥厂购买袋装水泥并按合同约定支付全部货款。因运输公司原因导致水泥交货延误2d，承包商收货后要求水泥厂支付违约金，水泥厂予以拒绝。承包商认为水泥厂违约，因而未对堆放水泥采取任何保护措施。次日大雨，水泥受潮全部硬化。此损失应由（　　）承担。
    A．三方共同
    B．水泥厂
    C．承包商
    D．运输公司

30. 发包人和承包人在合同中约定垫资但没有约定垫资利息，后双方因垫资返还发生纠纷诉至法院。关于该垫资的说法，正确的是（　　）。
    A．发包人应返还承包人垫资，但可以不支付利息
    B．法律规定禁止垫资，双方约定的垫资条款无效
    C．双方约定的垫资条款有效，发包人应返还承包人垫资并支付利息
    D．垫资违反相关规定，应予以没收

31. 《劳动合同法》规定，订立劳动合同，应当遵循的原则不包括（　　）。
    A．公平
    B．合法
    C．平等自愿
    D．按需分配

32. 下列某建筑公司的工作人员中，有权要求公司签订无固定期限劳动合同的是（　　）。
    A．在公司连续工作满8年的张某
    B．到公司工作2年，并被董事会任命为总经理的王某
    C．在公司累计工作了10年，但期间曾离开过公司的王某
    D．在公司已经连续订立两次固定期限劳动合同，但因公负伤不能从事原工作的李某

33. 下列情形中，用人单位可以解除劳动合同的是（　　）。
    A．职工患病，在规定的医疗期内
    B．女职工在孕期内
    C．女职工在哺乳期内
    D．在试用期间被证明不符合录用条件

34. 关于劳务派遣的说法,正确的是（   ）。
    A．所有被派遣的劳动者应当实行相同的劳动报酬
    B．劳务派遣单位应当取得相应的行政许可
    C．劳务派遣用工是建筑行业的主要用工模式
    D．用工单位的主要工作都可以由被派遣的劳动者承担

35. 关于劳动者工资的说法,正确的是（   ）。
    A．企业基本工资制度分为等级工资制和结构工资制
    B．工资可以以实物形式按月支付给劳动者本人
    C．劳动者在婚假期间,用人单位应当支付工资
    D．用人单位支付劳动者的工资不得低于当地平均工资标准

36. 经定作人同意,承揽人将其承揽的主要工作交由第三人完成。关于责任承担的说法,正确的是（   ）。
    A．第三人就完成的工作成果向定作人负责
    B．承揽人不再承担责任
    C．承揽人与第三人按完成工作成果的比例向定作人承担责任
    D．承揽人就该第三人完成的工作成果向定作人负责

37. 甲施工企业从乙公司购进一批水泥,乙公司为甲施工企业代办托运。在运输过程中,甲施工企业与丙公司订立合同将这批水泥转让丙公司,水泥在运输途中因山洪暴发导致火车出轨受到损失。该案中水泥的损失应由（   ）。
    A．丙公司承担　　　　　　　　B．甲施工企业承担
    C．乙公司承担　　　　　　　　D．甲施工企业和丙公司分担

38. 甲公司和乙公司订立了预制构件承揽合同,合同履行过半,甲公司突然通知乙公司解除合同,关于甲公司和乙公司权利的说法,正确的是（   ）。
    A．经乙公司同意后甲公司方可解除合同
    B．乙公司有权要求甲公司继续履行合同
    C．合同履行过半后,甲公司无权解除合同
    D．甲公司有权随时解除合同,但应当向乙公司赔偿相应的损失

39. 根据《城镇污水排入排水管网许可管理办法》,关于向城镇排水设施排放污水的说法,正确的是（   ）。
    A．城镇排水主管部门实施排水许可不得收费
    B．施工作业需要排水的,由施工企业申请领取排水许可证
    C．排水许可证的有效期,由建设主管部门根据工期确定
    D．排水户应当按照实际需要的排水类别、总量排放污水

40. 关于用能单位节能管理要求的说法,正确的是（   ）。
    A．用能单位应当加强能源计价管理
    B．用能单位应当不定期开展节能教育和岗前节能培训
    C．用能单位应当建立节能目标责任制
    D．鼓励用能单位对能源消费实行包费制

41. 根据《绿色施工导则》,处于基坑降水阶段的工地,宜优先采用（   ）作为混凝土搅拌用水、养护用水、冲洗用水和部分生活用水。

A. 地下水 B. 市政自来水
C. 雨水 D. 中水

42. 根据《文物保护法》的规定，建设项目施工过程中发现地下古墓，立即报告当地文物行政部门，文物行政部门接到报告后，一般应在不超过（　　）小时赶赴工地现场。
    A. 12 B. 36
    C. 48 D. 24

43. 根据《安全生产许可证条例》的规定，企业在安全生产许可证有效期内，严格遵守有关安全生产的法律法规，未发生（　　）事故的，安全生产许可证有效期届满时，经原发证管理机关同意，不再审查，安全生产许可证有效期延期3年。
    A. 安全 B. 重大死亡
    C. 死亡 D. 重伤

44. 甲建筑公司是某施工项目的施工总承包单位，乙建筑公司是其分包单位。2019年5月5日，乙建筑公司的施工项目发生了生产安全事故，应由（　　）向负有安全生产监督管理职责的部门报告。
    A. 甲建筑公司或乙建筑公司 B. 甲建筑公司
    C. 乙建筑公司 D. 甲建筑公司和乙建筑公司

45. 根据《安全生产法》，施工企业从业人员发现安全事故隐患，应当及时向（　　）报告。
    A. 现场安全生产管理人员或者施工企业负责人
    B. 安全生产监督管理部门或者建设行政主管部门
    C. 现场安全生产管理人员或者项目负责人
    D. 县级以上人民政府或者建设行政主管部门

46. 对于土方开挖工程，施工企业编制专项施工方案后，经（　　）签字后实施。
    A. 施工企业项目经理、现场监理工程师
    B. 施工企业技术负责人、建设单位负责人
    C. 施工企业技术负责人、总监理工程师
    D. 建设单位负责人、总监理工程师

47. 某施工企业职工在工程施工中受伤，职工认为应属于工伤，用人单位不认为是工伤的，则应由（　　）承担举证责任。
    A. 职工本人 B. 工伤治疗机构
    C. 用人单位 D. 社会保险行政部门

48. 根据《生产安全事故应急预案管理办法》，下列内容中，属于专项应急预案应当规定的内容是（　　）。
    A. 处置程序和措施 B. 应急预案体系
    C. 事故风险描述 D. 预警及信息报告

49. 根据《生产安全事故报告和调查处理条例》，下列情形中，移动事故现场物件须满足的条件是（　　）。
    A. 抢救财产的需要 B. 疏通交通的需要
    C. 经项目负责人同意 D. 保证移动物件人员的安全

50. 根据《安全生产法》，对全国建设工程安全生产实施综合监督管理的机构是（　　）。
    A. 国务院 B. 国务院应急管理部门

C．国务院建设行政主管部门　　　　　D．国务院铁路、交通、水利等有关部门

51. 关于工程建设企业标准与团体标准的说法，正确的是（　　）。
    A．企业标准应当通过标准信息公共服务平台向社会公开
    B．企业标准的技术要求应当高于推荐性标准的相关技术要求
    C．可以利用团体标准实施限制市场竞争的行为
    D．国家实行团体标准、企业标准自我声明公开和监督制度

52. 施工人员对涉及结构安全的试块、试件以及有关材料，应当在（　　）的监督下现场取样，并送具有相应资质等级的质量检测单位进行检测。
    A．建设单位或工程监理单位　　　　　B．施工项目技术负责人
    C．施工企业质量管理人员　　　　　　D．质量监督部门

53. 关于工程质量检测机构的说法，错误的是（　　）。
    A．可以转包检测业务
    B．具有独立的法人资格
    C．是中介机构
    D．分为专项检测机构资质和见证取样检测机构资质

54. 根据《建设工程质量管理条例》，建设工程竣工验收应当具备的条件不包括（　　）。
    A．完成建设工程设计和合同约定的各项内容
    B．已签署的工程结算文件
    C．完整的技术档案和施工管理资料
    D．勘察、设计、施工、工程监理等单位已分别签署质量合格文件

55. 根据《建设工程质量管理条例》，下列建设工程质量保修期限的约定中，符合规定的是（　　）。
    A．供冷系统质量保修期为1个供冷期　　B．屋面防水工程质量保修期为3年
    C．给排水管道工程质量保修期为2年　　D．装修工程质量保修期为1年

56. 关于民事诉讼基本特征的说法，正确的是（　　）。
    A．自愿性、独立性、保密性　　　　　B．公权性、强制性、程序性
    C．强制性、程序性、保密性　　　　　D．独立性、专业性、强制性

57. 甲建设单位拖欠乙施工企业工程款，乙发函催告甲还款。乙的催告行为在提起诉讼时产生的效果是（　　）。
    A．诉讼时效的中止　　　　　　　　　B．诉讼时效的中断
    C．诉讼时效的延长　　　　　　　　　D．改变法定时效期间

58. 关于仲裁协议效力的说法，正确的是（　　）。
    A．仲裁协议独立存在，不受合同变更、撤销、终止、无效等的影响
    B．口头的仲裁协议对当事人同样有法律约束力
    C．仲裁协议并不排除法院的司法管辖权
    D．当事人对仲裁协议效力有异议的，应当请求仲裁委员会作出决定

59. 甲、乙双方因工程施工合同发生纠纷，甲公司向法院提起了民事诉讼。审理过程中，在法院的主持下，双方达成了调解协议，法院制作了调解书并送达了双方当事人。双方签收后乙公司又反悔，则下列说法正确的是（　　）。
    A．甲公司可以向人民法院申请强制执行

B．人民法院应当根据调解书进行判决
C．人民法院应当认定调解书无效并及时判决
D．人民法院应当认定调解书无效并重新进行调解

60. 公民、法人或者其他组织认为行政机关的行政行为侵犯其合法权益，可以单独申请行政复议的情形是（　　）。
    A．不服行政机关做出的行政处分
    B．不服行政机关做出的行政处罚决定
    C．不服行政机关对民事纠纷做出的调解
    D．不服地方人民政府颁布的规章

二、多项选择题（共20题，每题2分。每题的备选项中，有2个或2个以上符合题意，至少有1个错项。错选，本题不得分；少选，所选的每个选项得0.5分）

61. 根据《立法法》的规定，行政法规可以就（　　）作出规定。
    A．国家主权的事项
    B．为执行法律的规定需要制定行政法规的事项
    C．宪法规定的国务院行政管理职权的事项
    D．对非国有财产征收的事项
    E．属于本行政区域的具体行政管理事项

62. 关于物权保护的表述中，正确的有（　　）。
    A．因物权的归属、内容发生争议的，利害关系人可以请求确认权利
    B．无权占有不动产或者动产的，权利人可以请求返还原物
    C．妨害物权或者可能妨害物权的，权利人可以请求排除妨害或者消除危险
    D．侵害物权，造成权利人损害的，权利人只能请求损害赔偿
    E．对于物权保护方式，只能单独适用

63. 关于债的说法，正确的是（　　）。
    A．债权人是特定的，债务人是不特定的
    B．债权是权利人请求义务人为一定行为的权利
    C．债的内容是债的主体之间的权利义务
    D．债的客体具有相对性
    E．债权与物权不同，物权是绝对权

64. 授予专利权的发明和实用新型，应当具备（　　）。
    A．美观性　　　　　　　　　　B．新颖性
    C．艺术性　　　　　　　　　　D．创造性
    E．实用性

65. 根据《民法典》，除双方认定需要约定的其他事项外，下列条款中，属于保证合同应当包含的内容有（　　）。
    A．被保证的主债权的种类　　　B．保证人的资产状况
    C．保证的期间　　　　　　　　D．保证的方式
    E．保证的范围

66. 建筑工程一切险的除外责任包括（　　）。
    A．设计错误引起的损失和费用
    B．盘点时发现的短缺

C．维修保养或正常检修的费用

D．因原材料缺陷或工艺不善引起的保险财产本身的损失，以及为换置、修理或矫正这些缺点错误所支付的费用

E．外力引起的机械或电气装置的本身损失

67. 下列情形中，视为投标人相互串通投标的有（　　）。
   A．不同投标人的投标文件相互混装
   B．属于同一集团、协会、商会等组织成员的投标人按照该组织要求协同投标
   C．招标人授意投标人撤换、修改投标文件
   D．不同投标人委托同一单位办理投标
   E．单位负责人为同一人或者存在控股、管理关系的不同单位参加同一招标项目不同标段的投标

68. 根据《关于清理规范工程建设领域保证金的通知》，可以要求建筑业企业在工程建设中缴纳的保证金有（　　）。
   A．投标保证金　　　　　　　　B．履约保证金
   C．工程质量保证金　　　　　　D．农民工工资保证金
   E．文明施工保证金

69. 施工企业承揽业务不良行为的认定标准有（　　）。
   A．以欺骗手段取得资质证书的
   B．工程竣工验收后，不向建设单位出具质量保修书的
   C．以他人名义投标或以其他方式弄虚作假，骗取中标的
   D．将承包的工程转包或违法分包的
   E．以向评标委员会成员行贿的手段谋取中标的

70. 发包人应当承担赔偿损失责任的情形有（　　）。
   A．未及时检查隐蔽工程造成的损失　　B．偷工减料造成的损失
   C．验收违法行为造成的损失　　　　　D．中途变更承揽工作要求造成的损失
   E．提供图纸或者技术要求不合理且怠于答复造成的损失

71. 根据我国法律规定，下列合同转让行为无效的是（　　）。
   A．甲将中标的某项目全部转让给乙施工单位
   B．甲将自己对乙单位的一笔债务部分转让给丙公司，随后通知乙单位
   C．甲将中标的某项目的劳务作业全部分包给具有相应资质的丁企业
   D．甲不顾合同约定的不得转让债权条款，将自己对乙单位的一笔债权转让给丙公司
   E．甲将自己对乙单位的一笔债权转让给丙公司，随后通知乙单位

72. 下列劳动合同条款中，属于选择条款的有（　　）。
   A．社会保险　　　　　　　　　B．试用期
   C．保守商业秘密　　　　　　　D．补充保险
   E．休息休假

73. 根据《劳动合同法》，用人单位有权实施经济性裁员的情形有（　　）。
   A．依照《企业破产法》规定进行重整的
   B．生产经营发生严重困难的
   C．股东会意见严重分歧导致董事会主要成员交换的

D．企业转产、重大技术革新或者经营方式调整，经变更劳动合同后，仍需裁减人员的
E．因劳动合同订立时所依据的客观经济情况发生重大变化，致使劳动合同无法履行的

74．劳动者发生下列情形，用人单位可以随时解除劳动合同的有（　　）。
A．在试用期间被证明不符合录用条件的
B．严重违反用人单位规章制度的
C．不能胜任工作，经过培训或者调整工作岗位，仍不能胜任工作的
D．同时与其他用人单位建立劳动关系，对完成本单位的工作任务造成严重影响的
E．患病，在规定的医疗期满后不能从事原工作，也不能从事由用人单位另行安排的工作的

75．关于借款合同权利和义务的说法，正确的有（　　）。
A．贷款人不得预先在本金中扣除利息
B．借款人应当按照约定的用途使用借款
C．对于未定期限且无法确定期限的借款合同，借款人可以随时偿还
D．订立借款合同，贷款人可以要求借款人提供担保
E．贷款人有权处置拒不还款的借款人的其他财产

76．建设项目中防治污染的设施，必须与主体工程同时（　　）。
A．立项　　　　　　　　　　　　B．竣工
C．设计　　　　　　　　　　　　D．施工
E．投产使用

77．关于节水与水资源利用的说法，正确的有（　　）。
A．为提高用水效率，在施工中采用先进的节水施工工艺
B．在非传统水源利用中，施工中非传统水源和循环水的再利用量的下限为60%
C．为提高用水效率，施工现场喷洒路面、绿化浇灌不宜使用市政自来水
D．在非传统水源利用中，优先采用中水搅拌、中水养护
E．在非传统水源利用中，有条件的地区和工程应当收集雨水

78．申领施工许可证时，建设单位应当提供的有关安全施工措施的资料包括（　　）。
A．安全防护设施搭设计划　　　　B．专项安全施工组织设计方案
C．安全施工组织计划　　　　　　D．安全措施费用计划
E．书面委托监理合同

79．根据《建设工程质量管理条例》，监理工程师按照工程监理规范的要求，对建设工程实施监理的形式主要有（　　）。
A．抽检　　　　　　　　　　　　B．联合验收
C．旁站　　　　　　　　　　　　D．巡视
E．平行检验

80．关于民事诉讼案件受理的说法，正确的有（　　）。
A．人民法院对于符合起诉条件的，应当在14日内立案，并通知当事人
B．被告应当在收到起诉状副本之日起15日内提出答辩状
C．诉讼文书必须采取直接送达的方式进行送达
D．专属管辖案件，当事人未提出管辖异议并应诉答辩的，视为受诉人民法院有管辖权
E．普通程序的审判组织应当采用合议制

考前第1套卷参考答案及解析

一、单项选择题

1. D	2. A	3. D	4. A	5. B
6. B	7. C	8. B	9. D	10. B
11. D	12. A	13. D	14. B	15. A
16. A	17. D	18. D	19. D	20. C
21. A	22. D	23. C	24. A	25. C
26. C	27. A	28. B	29. C	30. A
31. D	32. D	33. D	34. B	35. C
36. D	37. A	38. D	39. A	40. C
41. A	42. D	43. C	44. A	45. A
46. C	47. C	48. A	49. D	50. B
51. D	52. A	53. A	54. B	55. C
56. B	57. B	58. A	59. A	60. B

【解析】

1. D。法律之间对同一事项的新的一般规定与旧的特别规定不一致,不能确定如何适用时,由全国人民代表大会常务委员会裁决。

2. A。在每个施工项目上必须有一个经企业法人授权的项目经理,故 B 选项错误。项目经理不具备独立的法人资格,故 C 选项错误。项目经理签字的材料款,如果不按时支付,材料供应商应当以施工企业为被告提起诉讼,故 D 选项错误。

3. D。处分权是所有人的最基本的权利,是所有权内容的核心。

4. A。《民法典》规定,建筑物、构筑物或者其他设施倒塌、塌陷造成他人损害的,由建设单位与施工单位承担连带责任,但是建设单位与施工单位能够证明不存在质量缺陷的除外。建设单位、施工单位赔偿后,有其他责任人的,有权向其他责任人追偿。因所有人、管理人、使用人或者第三人的原因,建筑物、构筑物或者其他设施倒塌、塌陷造成他人损害的,由所有人、管理人、使用人或者第三人承担侵权责任。

5. B。注册商标的有效期为 10 年,自核准注册之日起计算。

6. B。当事人在保证合同中对保证方式没有约定或者约定不明确的,按照一般保证承担保证责任。

7. C。建筑工程一切险的保险责任自保险工程在工地动工或用于保险工程的材料、设备运抵工地之时起始,至工程所有人对部分或全部工程签发完工验收证书或验收合格,或工程所有人实际占用或使用或接收该部分或全部工程之时终止,以先发生者为准。但在任何情况下,保险期限的起始或终止不得超出保险单明细表中列明的保险生效日或终止日。

8. B。《刑法》第 137 条规定,建设单位、设计单位、施工单位、工程监理单位违反国家规定,降低工程质量标准,造成重大安全事故的,对直接责任人员处 5 年以下有期徒刑或者拘役，并处罚金；后果特别严重的，处5年以上10年以下有期徒刑，并处罚金。直接责任人员应当承担的刑事责任是工程重大安全事故罪。

9. D。《建筑法》规定，建筑工程开工前，建设单位应当按照国家有关规定向工程所在地县级以上人民政府建设行政主管部门申请领取施工许可证。

10. B。《建筑业企业资质管理规定》规定，企业可以申请一项或多项建筑业企业资质，企业首次申请或增项申请资质，应当申请最低等级资质。

11. D。初始注册者，可自资格证书签发之日起3年内提出申请。

12. A。《注册建造师执业管理办法（试行）》规定，注册建造师变更聘用企业的，应当在与新聘用企业签订聘用合同后的1个月内，通过新聘用企业申请办理变更手续。

13. D。投标有效期从提交投标文件的截止之日起算。

14. B。依法必须进行招标的项目，自招标文件开始发出之日起至投标人提交投标文件截止之日止，最短不得少于20日。

15. A。根据《招标投标法》的规定，评标委员会经评审，认为所有投标都不符合招标文件要求的，可以否决所有投标，故A选项正确。标底只能作为评标的参考，不得以投标报价是否接近标底作为中标条件，故B选项错误。评标委员会成员拒绝在评标报告上签字又不书面说明其不同意见和理由的，视为同意评标结果。由此可见C选项的表述过于绝对。根据《招标投标法实施条例》的规定，投标文件中有含义不明确的内容、明显文字或者计算错误，评标委员会认为需要投标人作出必要澄清、说明的，应当书面通知该投标人，故D选项错误。

16. A。潜在投标人或者其他利害关系人对招标文件有异议的，应当在投标截止时间10日前提出。故B选项错误。招标人应当自收到异议之日起3日内作出答复；作出答复前，应当暂停招标投标活动。故A选项正确，C选项错误。D选项干扰性不大。

17. D。《招标投标法》规定，招标人根据评标委员会提出的书面评标报告和推荐的中标候选人确定中标人。招标人也可以授权评标委员会直接确定中标人。

18. D。《招标投标法实施条例》规定，逾期送达或者不按照招标文件要求密封的投标文件，招标人应当拒收，故A、B选项错误。招标人收到投标文件后，应当签收保存，不得开启，故C选项错误。

19. D。联合体各方均应当具备承担招标项目的相应能力。故A选项错误。由同一专业的单位组成的联合体，按照资质等级较低的单位确定资质等级。故B选项错误。联合体中标的，联合体各方应当共同与招标人签订合同，就中标项目向招标人承担连带责任。故C选项错误。

20. C。《招标投标法实施条例》规定，招标人有下列情形之一的，由有关行政监督部门责令改正，可以处10万元以下的罚款：（1）依法应当公开招标而采用邀请招标；（2）招标文件、资格预审文件的发售、澄清、修改的时限，或者确定的提交资格预审申请文件、投标文件的时限不符合招标投标法和本条例规定；（3）接受未通过资格预审的单位或者个人参加投标；（4）接受应当拒收的投标文件。招标人有以上第（1）、（3）、（4）所列行为之一的，对单位直接负责的主管人员和其他直接责任人员依法给予处分。

21. A。建筑施工企业转让、出借资质证书或者其他方式允许他人以本企业的名义承揽工程的，责令改正，没收违法所得，并处罚款，可以责令停业整顿，降低资质等级；情节严重的，吊销资质证书。对因该项承揽工程不符合规定的质量标准造成的损失，建筑施工企业与使用本企业名义的单位或者个人承担连带赔偿责任。

22. D。行政处理决定在被行政复议或行政诉讼期间，除行政处理决定被依法停止执行的以外，公告部门依法不停止对违法行为记录的公告，故A选项错误。B选项错在"一律不得公开"，招标投标违法行为记录公告不得公开涉及国家秘密、商业秘密、个人隐私的记录。但是，经权利人同意公开或者行政机关认为不公开可能对公共利益造成重大影响的涉及商业秘密、个人隐私的违法行为记录，可以公开。原行政处理决定被依法变更或撤销的，公告部门应当及时对公告记录予以变更或撤销，并在公告平台上予以声明，故C选项错误。

23. C。《建筑业企业资质管理规定》中规定，企业未按照本规定要求提供企业信用档案信息的，由县级以上地方人民政府住房城乡建设主管部门或者其他有关部门给予警告，责令限期改正；逾期未改正的，可处以1000元以上1万元以下的罚款。

24. A。《民法典》规定，建设工程合同应当采用书面形式。

25. C。当事人对建设工程实际竣工日期有争议的，按照以下情形分别处理：（1）建设工程经竣工验收合格的，以竣工验收合格之日为竣工日期；（2）承包人已经提交竣工验收报告，发包人拖延验收的，以承包人提交验收报告之日为竣工日期；（3）建设工程未经竣工验收，发包人擅自使用的，以转移占有建设工程之日为竣工日期。

26. C。合同变更的内容必须明确约定。如果当事人对于合同变更的内容约定不明确，则将被推定为未变更。任何一方不得要求对方履行约定不明确的变更内容。

27. A。合同示范文本对当事人订立合同起参考作用，但不要求当事人必须采用合同示范文本，即合同的成立与生效同当事人是否采用合同示范文本无直接关系。合同示范文本具有引导性、参考性，但无法律强制性，为非强制性使用文本。

28. B。债务人接到债权转让通知后，债务人对让与人的抗辩，可以向受让人主张。

29. C。《民法典》规定，当事人一方违约后，对方应当采取适当措施防止损失的扩大；没有采取适当措施致使损失扩大的，不得就扩大的损失要求赔偿。当事人因防止损失扩大而支出的合理费用，由违约方承担。

30. A。最高人民法院《关于审理建设工程施工合同纠纷案件适用法律问题的解释（一）》规定，当事人对垫资和垫资利息有约定，承包人请求按照约定返还垫资及其利息的，应予支持，但是约定的利息计算标准高于中国人民银行发布的同期同类贷款利率的部分除外。当事人对垫资没有约定的，按照工程欠款处理。当事人对垫资利息没有约定，承包人请求支付利息的，不予支持。

31. D。《劳动合同法》规定，订立劳动合同，应当遵循合法、公平、平等自愿、协商一致、诚实信用的原则。

32. D。有下列情形之一，劳动者提出或者同意续订、订立劳动合同的，除劳动者提出订立固定期限劳动合同外，应当订立无固定期限劳动合同：（1）劳动者在该用人单位连续工作满10年的；（2）用人单位初次实行劳动合同制度或者国有企业改制重新订立劳动合同时，劳动者在该用人单位连续工作满10年且距法定退休年龄不足10年的；（3）连续订立两次固定期限劳动合同，且劳动者没有《劳动合同法》第39条和第40条第1项、第2项规定的情形，续订劳动合同的。

33. D。《劳动合同法》规定，劳动者有下列情形之一的，用人单位可以解除劳动合同：（1）在试用期间被证明不符合录用条件的；（2）严重违反用人单位的规章制度的；（3）严重失职，营私舞弊，给用人单位造成重大损害的；（4）劳动者同时与其他用人单位建立劳动关系，对完成本单位的工作任务造成严重影响，或者经用人单位提出，拒不改正的；（5）因《劳动合同法》第26条第1款第1项规定的情形致使劳动合同无效的；（6）被依法追究刑事责任的。

34. B。《劳动合同法》规定，被派遣劳动者享有与用工单位的劳动者同工同酬的权利，而不是所有被派遣劳动者都实行相同的劳动报酬，A选项错误。经营劳务派遣业务，应当向劳动行政部门依法申请行政许可，B选项为正确选项。劳务派遣为新型用工方式，并非主要用工模式，C选项错误。劳务派遣只能在临时性、辅助性或者替代性的工作岗位上实施，D选项错误。

35. C。企业基本工资制度主要有等级工资制、岗位技能工资制、岗位工资制、结构工资制、经营者年薪制等，故A选项错误。工资应当以货币形式按月支付给劳动者本人，故B选项错误。D选项的正确表述为：用人单位支付劳动者的工资不得低于当地最低工资标准。

36. D。未经定作人的同意，承揽人将承揽的主要工作交由第三人完成的，定作人可以解除合同；经定作人同意的，承揽人也应就第三人完成的工作成果向定作人负责。

37. A。出卖人出卖交由承运人运输的在途标的物，除当事人另有约定的以外，毁损、灭失的风险自合同成立时起由买受人承担。

38. D。承揽合同是承揽人按照定作人的要求完成工作，交付工作成果，定作人给付报酬的合同。本题中，甲为定作人，乙为承揽人。承揽合同履行过程中，定作人在承揽人完成工作前可以随时解除承揽合同，造成承揽人损失的，应当赔偿损失。

39. A。各类施工作业需要排水的，由建设单位申请领取排水许可证，故B选项错误。因施工作业需要向城镇排水设施排水的，排水许可证的有效期，由城镇排水主管部门根据排水状况确定，故C选项错误。排水户应当按照排水许可证确定的排水类别、总量、时限、排放口位置和数量、排放的污染物项目和浓度等要求排放污水，故D选项错误。

40. C。用能单位应当按照合理用能的原则，加强节能管理，制定并实施节能计划和节能技术措施，降低能源消耗。用能单位应当建立节能目标责任制，对节能工作取得成绩的集体、个人给予奖励。用能单位应当定期开展节能教育和岗位节能培训。任何单位不得对能源消费实行包费制。

41. A。处于基坑降水阶段的工地，宜优先采用地下水作为混凝土搅拌用水、养护用水、冲洗用水和部分生活用水。

42. D。《文物保护法》规定，在进行建设工程或者在农业生产中，任何单位或者个人发现文物，应当保护现场，立即报告当地文物行政部门，文物行政部门接到报告后，如无特殊情况，应当在24小时内赶赴现场，并在7日内提出处理意见。

43. C。企业在安全生产许可证有效期内，严格遵守有关安全生产的法律法规，未发生死亡事故的，安全生产许可证有效期届满时，经原安全生产许可证颁发管理机关同意，不再审查，安全生产许可证有效期延期3年。

44. B。《建设工程安全生产管理条例》规定，实行施工总承包的建设工程，由总承包单位负责上报事故。

45. A。《安全生产法》规定，从业人员发现事故隐患或者其他不安全因素，应当立即向现场安全生产管理人员或者本单位负责人报告；接到报告的人员应当及时予以处理。

46．C。《建设工程安全生产管理条例》规定，对下列达到一定规模的危险性较大的分部分项工程编制专项施工方案，并附具安全验算结果，经施工单位技术负责人、总监理工程师签字后实施，由专职安全生产管理人员进行现场监督：（1）基坑支护与降水工程；（2）土方开挖工程；（3）模板工程；（4）起重吊装工程；（5）脚手架工程；（6）拆除、爆破工程；（7）国务院建设行政主管部门或者其他有关部门规定的其他危险性较大的工程。对以上所列工程中涉及深基坑、地下暗挖工程、高大模板工程的专项施工方案，施工单位还应当组织专家进行论证、审查。

47．C。职工或者其近亲属认为是工伤，用人单位不认为是工伤的，由用人单位承担举证责任。

48．A。专项应急预案应当规定应急指挥机构与职责、处置程序和措施等内容。

49．B。《生产安全事故报告和调查处理条例》规定，事故发生后，有关单位和人员应当妥善保护事故现场以及相关证据，任何单位和个人不得破坏事故现场、毁灭相关证据。因抢救人员、防止事故扩大以及疏通交通等原因，需要移动事故现场物件的，应当做出标志，绘制现场简图并做出书面记录，妥善保存现场重要痕迹、物证。

50．B。《安全生产法》规定，国务院应急管理部门依照本法，对全国安全生产工作实施综合监督管理；县级以上地方各级人民政府应急管理部门依照本法，对本行政区域内安全生产工作实施综合监督管理。

51．D。国家鼓励团体标准、企业标准通过标准信息公共服务平台向社会公开。故A选项错误。国家鼓励社会团体、企业制定高于推荐性标准相关技术要求的团体标准、企业标准。故B选项错误。禁止利用团体标准实施妨碍商品、服务自由流通等排除、限制市场竞争的行为。故C选项错误。

52．A。《建设工程质量管理条例》规定，施工人员对涉及结构安全的试块、试件以及有关材料，应当在建设单位或者工程监理单位监督下现场取样，并送具有相应资质等级的质量检测单位进行检测。

53．A。工程质量检测机构是具有独立法人资格的中介机构。按照其承担的检测业务内容分为专项检测机构资质和见证取样检测机构资质。检测机构不得转包检测业务。

54．B。《建设工程质量管理条例》规定，建设工程竣工验收应当具备下列条件：（1）完成建设工程设计和合同约定的各项内容；（2）有完整的技术档案和施工管理资料；（3）有工程使用的主要建筑材料、建筑构配件和设备的进场试验报告；（4）有勘察、设计、施工、工程监理等单位分别签署的质量合格文件；（5）有施工单位签署的工程保修书。

55．C。《建设工程质量管理条例》规定，在正常使用条件下，建设工程的最低保修期限为：（1）基础设施工程、房屋建筑的地基基础工程和主体结构工程，为设计文件规定的该工程的合理使用年限；（2）屋面防水工程、有防水要求的卫生间、房间和外墙面的防渗漏，为5年；（3）供热与供冷系统，为2个采暖期、供冷期；（4）电气管线、给排水管道、设备安装和装修工程，为2年。其他项目的保修期限由发包方与承包方约定。

56．B。民事诉讼的基本特征是：公权性、程序性、强制性。

57．B。有下列情形之一的，诉讼时效中断，从中断、有关程序终结时起，诉讼时效期间重新计算：（1）权利人向义务人提出履行请求；（2）义务人同意履行义务；（3）权利人提起诉讼或者申请仲裁；（4）与提起诉讼或者申请仲裁具有同等效力的其他情形。

58．A。仲裁协议独立存在，合同的变更、解除、终止或者无效，以及合同成立后未生效、被撤销等，均不影响仲裁协议的效力。故A选项正确。仲裁协议应当采用书面形式，口头方式达成的仲裁意思表示无效。故B选项错误。C选项应将"并不排除"改为"排除了"。当事人对仲裁协议效力有异议的，既可以请求仲裁委员会作出决定，也可以请求人民法院裁定。故D选项错误。

59. A。法院调解书经双方当事人签收后，即具有法律效力，效力与判决书相同。

60. B。根据《行政复议法》的规定，有11项可申请行政复议的具体行政行为，结合建设工程实践，其中7种尤为重要：（1）对行政机关做出的警告、罚款、没收违法所得、没收非法财物、责令停产停业、暂扣或者吊销许可证、暂扣或者吊销执照、行政拘留等行政处罚决定不服的；（2）对行政机关做出的限制人身自由或者查封、扣押、冻结财产等行政强制措施决定不服的；（3）对行政机关做出的有关许可证、执照、资质证、资格证等证书变更、中止、撤销的决定不服的；（4）认为行政机关侵犯合法的经营自主权的；（5）认为行政机关违法集资、征收财物、摊派费用或者违法要求履行其他义务的；（6）认为符合法定条件，申请行政机关颁发许可证、执照、资质证、资格证等证书，或者申请行政机关审批、登记有关事项，行政机关没有依法办理的；（7）认为行政机关的其他具体行政行为侵犯其合法权益的。

二、多项选择题

61. B、C	62. A、B、C	63. C、E	64. B、D、E	65. A、C、D、E
66. A、B、C、D	67. A、D	68. B、C	69. C、D、E	70. C、D、E
71. A、B、D	72. B、C、D	73. A、B、D、E	74. A、B、D	75. A、B、C
76. C、D、E	77. A、C、D、E	78. A、B、C	79. C、D、E	80. B、E

【解析】

61. B、C。行政法规可以就下列事项作出规定：（1）为执行法律的规定需要制定行政法规的事项；（2）宪法规定的国务院行政管理职权的事项。

62. A、B、C。D选项错误，侵害物权，造成权利人损害的，权利人可以请求损害赔偿，也可以请求承担其他民事责任。E选项错误，对于物权保护方式，可以单独适用，也可以根据权利被侵害的情形合并适用。

63. C、E。债的内容，是指债的主体双方间的权利与义务，即债权人享有的权利和债务人负担的义务，即债权与债务。债权为请求特定人为特定行为作为或不作为的权利。债权与物权不同，物权是绝对权，而债权是相对权。债权相对性理论的内涵，可以归纳为债权主体、内容、责任的相对性。

64. B、D、E。授予专利权的发明和实用新型，应当具备新颖性、创造性和实用性。

65. A、C、D、E。保证合同的内容一般包括被保证的主债权的种类、数额，债务人履行债务的期限，保证的方式、范围和期间等条款。

66. A、B、C、D。建筑工程一切险的保险人对下列各项原因造成的损失不负责赔偿：（1）设计错误引起的损失和费用；（2）自然磨损、内在或潜在缺陷、物质本身变化、自燃、自热、氧化、锈蚀、渗漏、鼠咬、虫蛀、大气（气候或气温）变化、正常水位变化或其他渐变原因造成的保险财产自身的损失和费用；（3）因原材料缺陷或工艺不善引起的保险财产本身的损失以及为换置、修理或矫正这些缺点错误所支付的费用；（4）非外力引起的机械或电气装置的本身损失，或施工用机具、设备、机械装置失灵造成的本身损失；（5）维修保养或正常检修的费用；（6）档案、文件、账簿、票据、现金、各种有价证券、图表资料及包装物料的损失；（7）盘点时发现的短缺；（8）领有公共运输行驶执照的，或已由其他保险予以保障的车辆、船舶和飞机的损失；（9）除非另有约定，在保险工程开始以前已经存在或形成的位于工地范围内或其周围的属于被保险人的财产的损失；（10）除非另有约定，在保险单保险期限终止以前，保险财产中已由工程所有人签发完工验收证书或验收合格或实际占有或使用或接收的部分。

67. A、D。有下列情形之一的，视为投标人相互串通投标：（1）不同投标人的投标文件由同一单位或者个人编制；（2）不同投标人委托同一单位或者个人办理投标事宜；（3）不同投标人的投标文件载明的项目管理成员为同一人；（4）不同投标人的投标文件异常一致或者投标报价呈规律性差异；（5）不同投标人的投标文件相互混装；（6）不同投标人的投标保证金从同一单位或者个人的账户转出。

68. A、B、C、D。国务院办公厅《关于清理规范工程建设领域保证金的通知》（国办发[2016]49号）中规定，对建筑业企业在工程建设中需缴纳的保证金，除依法依规设立的投标保证金、履约保证金、工程质量保证金、农民工工资保证金外，其他保证金一律取消。

69. C、D、E。承揽业务不良行为认定标准包括：（1）利用向发包单位及其工作人员行贿、提供回扣或者给予其他好处等不正当手段承揽业务的；（2）相互串通投标或与招标人串通投标的，以向招标人或评标委员会成员行贿的手段谋取中标的；（3）以他人名义投标或以其他方式弄虚作假，骗取中标的；（4）不按照与招标人订立的合同履行义务，情节严重的；（5）将承包的工程转包或违法分包的。

70. A、C、D、E。发包人应当承担的赔偿损失情形包括：（1）未及时检查隐蔽工程造成的损失；（2）未按照约定提供原材料、设备等造成的损失；（3）因发包人原因致使工程中途停建、缓建造成的损失；（4）提供图纸或者技术要求不合理且怠于答复等造成的损失；（5）中途变更承揽工作要求造成的损失；（6）要求压缩合同约定工期造成的损失；（7）验收违法行为造成的损失。

71. A、B、D。《民法典》规定，债权人可以将合同的权利全部或者部分转让给第三人，但有下列情形之一的除外：（1）根据债权性质不得转让；（2）按照当事人约定不得转让；（3）依照法律规定不得转让。当事人约定非金钱债权不得转让的，不得对抗善意第三人；当事人约定金钱债权不得转让的，不得对抗第三人。

72. B、C、D。劳动合同应当具备以下条款：（1）用人单位的名称、住所和法定代表人或主要负责人；（2）劳动者的姓名、住址和居民身份证或者其他有效身份证件号码；（3）合同期限；（4）工作内容和工作地点；（5）工作时间和休息休假；（6）劳动报酬；（7）社会保险；（8）劳动保护、劳动条件和职业危害防护；（9）法律、法规规定应当纳入劳动合同的其他事项。劳动合同除上述规定的必备条款外，用人单位与劳动者可以约定试用期、培训、保守秘密、补充保险和福利待遇等其他事项。

73. E。有下列情形之一，需要裁减人员20人以上或者裁减不足20人但占企业职工总数10%以上的，用人单位提前30日向工会或者全体职工说明情况，听取工会或者职工的意见后，裁减人员方案经向劳动行政部门报告，可以裁减人员：（1）依照《企业破产法》规定进行重整的；（2）生产经营发生严重困难的；（3）企业转产、重大技术革新或者经营方式调整，经变更劳动合同后，仍需裁减人员的；（4）其他因劳动合同订立时所依据的客观经济情况发生重大变化，致使劳动合同无法履行的。

74. A、B、D。《劳动合同法》规定，劳动者有下列情形之一的，用人单位可以解除劳动合同：（1）在试用期间被证明不符合录用条件的；（2）严重违反用人单位的规章制度的；（3）严重失职，营私舞弊，给用人单位造成重大损害的；（4）劳动者同时与其他用人单位建立劳动关系，对完成本单位的工作任务造成严重影响，或者经用人单位提出，拒不改正的；（5）因《劳动合同法》第26条第1款第1项规定的情形致使劳动合同无效的；（6）被依法追究刑事责任的。

75. A、B、C、D。借款合同中，贷款人的义务包括提供借款；不得预扣利息。借款人的义务包括：提供担保；提供真实情况；按照约定收取借款；按照约定用途使用借款；按期归还本金和利息。借款人应当按照约定的期限返还借款。对借款期限没有约定或者约定不明确，可以协议补充；不能达成补充协议的，按照合同有关条款或者交易习惯确定。对于不能达成补充协议，也不能按照合同有关条款或者交易习惯确定的，借款人可以随时返还；贷款人可以催告借款人在合理期限内返还。贷款人无权处置拒不还款的借款人的其他财产，故，E项错误。

76. C、D、E。新建、改建、扩建的建设项目，必须遵守国家有关建设项目环境保护管理的规定。建设项目的环境噪声污染防治设施必须与主体工程同时设计、同时施工、同时投产使用。

77. A、C、D、E。非传统水源利用：（1）优先采用中水搅拌、中水养护，有条件的地区和工程应收集雨水养护。（2）处于基坑降水阶段的工地，宜优先采用地下水作为混凝土搅拌用水、养护用水、冲洗用水和部分生活用水。（3）现场机具、设备、车辆冲洗，喷洒路面，绿化浇灌等用水，优先采用非传统水源，尽量不使用市政自来水。（4）大型施工现场，尤其是雨量充沛地区的大型施工现场建立雨水收集利用系统，充分收集自然降水用于施工和生活中适宜的部位。（5）力争施工中非传统水源和循环水的再利用量大于30%。故B选项排除。

78. A、B、D。建设单位在申请领取施工许可证时，应当提供的建设工程有关安全施工措施资料，一般包括：工程中标通知书，工程施工合同，施工现场总平面布置图，临时设施规划方案和已搭建情况，施工现场安全防护设施搭设（设置）计划、施工进度计划、安全措施费用计划，专项安全施工组织设计（方案、措施），拟进入施工现场起重机械设备（塔式起重机、物料提升机、外用电梯）的型号、数量、安全管理人员及特种作业人员持证上岗情况，建设单位安全管理人员名册，以及其他应提交的材料。

79. C、D、E。《建设工程质量管理条例》要求，采取旁站、巡视和平行检验。

80. B、E。符合起诉条件的，应当立案。诉讼文书送达方式包括直接送达；留置送达；判决书、调解书以外的诉讼文书采用传真、电子邮件等方式送达以及公告送达。故C选项错误。起诉人民法院有管辖权，但违反级别管辖和……

《建设工程施工管理》
考前第 3 套卷及解析

《建设工程施工管理》考前第3套卷

一、单项选择题（共70题，每题1分。每题的备选项中，只有1个最符合题意）

1. 根据建设工程项目的阶段划分，属于设计阶段工作的是（　　）。
   A．编制项目可行性研究报告　　　　B．编制项目建议书
   C．编制初步设计　　　　　　　　　D．编制设计任务书

2. 某施工项目经理部为了赶工，制定了增加人力投入和夜间施工两个赶工方案并提交给项目经理。项目经理最终选择增加人力投入的赶工方案，则该项目经理的行为属于管理职能的（　　）环节。
   A．提出问题　　　　　　　　　　　B．决策
   C．筹划　　　　　　　　　　　　　D．执行

3. 关于工作流程组织的说法，正确的是（　　）。
   A．同一项目不同参与方都有工作流程组织任务
   B．工作流程组织不包括物质流程组织
   C．一个工作流程图只能有一个项目参与方
   D．一项管理工作只能有一个工作流程图

4. 采用项目结构图对建设工程项目进行分解时，项目结构的分解应与整个建设工程实施的部署相结合，并与将采用的（　　）相结合。
   A．组织结构　　　　　　　　　　　B．工作流程
   C．职能结构　　　　　　　　　　　D．合同结构

5. "合理安排施工顺序"属于施工组织设计中（　　）的内容。
   A．施工部署和施工方案　　　　　　B．施工进度计划
   C．施工平面图　　　　　　　　　　D．施工准备工作计划

6. 运用动态控制原理控制建设工程项目进度时，第一步工作是（　　）。
   A．收集工程进度实际值
   B．进行进度目标的调整
   C．进行工程进度的计划值和实际值的比较
   D．进行项目目标分解，确定目标控制的计划值

7. 按照我国现行管理体制，建筑施工企业项目经理（　　）。
   A．是建筑施工企业法定代表人
   B．是建筑施工企业法定代表人在工程项目上的代表人
   C．是一个技术岗位，而不是管理岗位
   D．须在企业项目管理领导下主持项目管理工作

8. 根据《建设工程项目管理规范》GB/T 50326—2017，项目管理目标责任书由（　　）制定。
   A．施工企业经营部门
   B．建设单位和施工企业法定代表人协商

C. 施工企业合同预算部门
D. 法定代表人或其授权人与项目经理协商

9. 施工风险管理过程包括施工全过程的风险识别、风险评估、风险监控和（　　）。
   A. 风险转移   B. 风险应对
   C. 风险跟踪   D. 风险分类

10. 工程建设监理规划编制完成后，必须经（　　）审核批准。
    A. 专业监理工程师   B. 建设单位负责人
    C. 总监理工程师   D. 监理单位技术负责人

11. 根据《建筑安装工程费用项目组成》，工程施工中所使用的仪器仪表维修费应计入（　　）。
    A. 施工机具使用费   B. 工具用具使用费
    C. 固定资产使用费   D. 企业管理费

12. 下列定额中，属于施工企业内部使用的、以工序为对象编制的定额是（　　）。
    A. 预算定额   B. 概算定额
    C. 费用定额   D. 施工定额

13. 关于周转性材料消耗及其定额的说法，正确的是（　　）。
    A. 周转性材料消耗量只与周转性材料一次使用量和周转次数相关
    B. 定额中周转材料消耗量应采用一次性使用量和摊销量两个指标表示
    C. 施工企业成本核算或投标报价时应采用周转性材料的一次使用量指标
    D. 周转性材料的周转使用次数越多，则每周转使用一次材料的损耗越大

14. 已知招标工程量清单中土方工程量为2000m^3，某投标人根据施工方案确定的土方工程量为3800m^3。根据测算，完成该土方工程的人工费为50000元，机械费为40000元，材料费为10000元。管理费按照人、料、机费用之和的10%计取，利润按人、料、机费用以及管理费之和的6%计取。其他因素均不考虑。则该土方工程的投标综合单价为（　　）元/m^3。
    A. 58.30   B. 30.53
    C. 30.68   D. 58.00

15. 下列措施项目费中，宜采用参数法计价的是（　　）。
    A. 垂直运输费   B. 夜间施工增加费
    C. 混凝土模板及支架费   D. 室内空气污染测试费

16. 根据《建设工程工程量清单计价规范》GB 50500—2013，总承包人为配合协调业主进行专业工程分包所需的费用，在投标报价时应计入（　　）。
    A. 企业管理费   B. 措施项目费
    C. 暂列金额   D. 总承包服务费

17. 单价合同在执行过程中，发现招标工程量清单中出现工程量偏差引起工程量增加，则该合同工程量应按（　　）计量。
    A. 原招标工程量清单中的工程量
    B. 招标文件中所附的施工图纸的工程量
    C. 承包人在履行合同义务中完成的工程量
    D. 承包人提交的已完工程量报告中的数量

18. 根据《建设工程工程量清单计价规范》GB 50500—2013，关于合同履行期间因招标工程量清单缺项导致新增分部分项清单项目的说法，正确的是（　　）。
    A．新增分部分项清单项目应按额外工作处理，由监理工程师提出，发包人批准
    B．新增分部分项清单项目的综合单价应由监理工程师提出，发包人批准
    C．新增分部分项清单项目的综合单价应由承包人提出，但相关措施项目费不能调整
    D．新增分部分项清单项目导致新增措施项目的，在承包人提交的新增措施项目实施方案被发包人批准后调整合同价款

19. 2021年11月实际完成的某土方工程，按基准日期价格计算的已完成工程的金额为1000万元，该工程定值权重0.2。各可调因子的价格指数除人工费增长20%外，其他均增长了10%，人工费占可调值部分的50%。按价格调整公式计算，该土方工程需调整的价款为（　　）万元。
    A．80　　　　　　　　　　　　　　　B．120
    C．130　　　　　　　　　　　　　　　D．150

20. 根据《建设工程施工合同（示范文本）》GF—2017—0201，当合同履行期间出现工程变更时，该变更在已标价的工程量清单中无相同项目及类似项目单价参考的，其变更估价正确的方式是（　　）。
    A．按照直接成本加适当利润的原则，由发包人确定变更单价
    B．按照直接成本加管理费的原则，由合同当事人协商确定变更工作的单价
    C．按照合理的成本加利润的原则，由合同当事人协商确定变更工作的单价
    D．根据合理的成本加适当利润的原则，由监理人确定新的变更单价

21. 某建设工程施工过程中，由于发包人提供的材料没有及时到货，导致承包人自有的一台机械窝工4个台班，每台班折旧费500元，工作时每台班燃油动力费100元。另外，承包人租赁的一台机械窝工3个台班，台班租赁费为300元，工作时每台班燃油动力费80元。不考虑其他因素，则承包人可以索赔的费用为（　　）元。
    A．3540　　　　　　　　　　　　　　B．3300
    C．3140　　　　　　　　　　　　　　D．2900

22. 下列事件中，需要进行现场签证的是（　　）。
    A．合同范围以内零星工程的确认
    B．修改施工方案引起工程量增减的确认
    C．承包人原因导致设备窝工损失的确认
    D．合同范围以外新增工程的确认

23. 根据《建设工程施工合同（示范文本）》GF—2017—0201，关于安全文明施工费的说法，正确的是（　　）。
    A．承包人对安全文明施工费应专款专用，并在财务账目中单独列项备查
    B．基准日期后合同所适用的法律发生变化，由此增加的安全文明施工费由承包人承担
    C．经发包人同意，承包人采取合同约定以外的安全措施所产生的费用，由承包人承担
    D．发包人应在开工后42天内预付安全文明施工费总额的60%

24. 根据《建设工程施工合同（示范文本）》GF—2017—0201，关于工程保修及保修期的说法，正确的是（　　）。
    A．工程保修期从交付使用之日起计算

B. 发包人未经竣工验收擅自使用工程的，保修期自开始使用之日起算
C. 具体分部分项工程的保修期可在专用条款中约定，但不得低于法定最低保修年限
D. 保修期内的工程损害修复费用应全部由承包人承担

25. 施工企业在工程投标阶段编制的估算成本计划是一种（　　）成本计划。
   A. 作业性　　　　　　　　　　　B. 实施性
   C. 竞争性　　　　　　　　　　　D. 指导性

26. 某地下工程，计划到5月份累计开挖土方1.2万 m^3，预算单价为90元/m^3。经确认，到5月份实际累计开挖土方1万 m^3，实际单价为95元/m^3，该工程此时的费用偏差为（　　）万元。
   A. -18　　　　　　　　　　　　B. -5
   C. 5　　　　　　　　　　　　　D. 18

27. 根据《财政部关于印发〈企业产品成本核算制度〉（试行）的通知》，下列工程成本费用中，属于其他直接费用的是（　　）。
   A. 有助于工程形成的其他材料费　　B. 为管理工程施工所发生的费用
   C. 工程定位复测费　　　　　　　　D. 企业管理人员的差旅交通费

28. 施工项目年度成本分析的内容，除了月（季）度成本分析的六个方面以外，重点是（　　）。
   A. 通过实际成本与计划成本的对比，分析成本降低水平
   B. 针对下一年度施工进展情况，制定切实可行的成本管理措施
   C. 通过实际成本与目标成本的对比，分析目标成本控制措施落实情况
   D. 通过对技术组织措施执行效果的分析，寻求更加有效的节约途径

29. 施工项目的专项成本分析中，"成本支出率"指标用于分析（　　）。
   A. 工期成本　　　　　　　　　　B. 成本盈亏
   C. 分部分项工程成本　　　　　　D. 资金成本

30. 建设工程项目进度控制中，业主方的任务是控制整个项目（　　）的进度。
   A. 决策阶段　　　　　　　　　　B. 使用阶段
   C. 实施阶段　　　　　　　　　　D. 项目全寿命周期

31. 关于网络计划中节点的说法，正确的是（　　）。
   A. 节点在网络计划中只表示事件，即前后工作的交接点
   B. 所有节点均既有向内又有向外的箭线
   C. 所有节点编号不能重复
   D. 节点内可以用工作名称代替编号

32. 某双代号网络计划如下图所示，存在的不妥之处是（　　）。

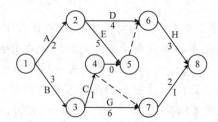

   A. 节点编号不连续　　　　　　　B. 有多余时间参数
   C. 工作表示方法不一致　　　　　D. 有多个起点节点

33. 双代号网络计划中,某工作最早第3天开始,工作持续时间2天,有且仅有2个紧后工作,紧后工作最早开始时间分别是第5天和第6天,对应总时差是4天和2天。该工作的总时差和自由时差分别是(　　)。
   A.3天,0天   B.0天,0天
   C.4天,1天   D.2天,2天

34. 某单代号网络计划如下图所示(时间单位:天),计算工期是(　　)天。

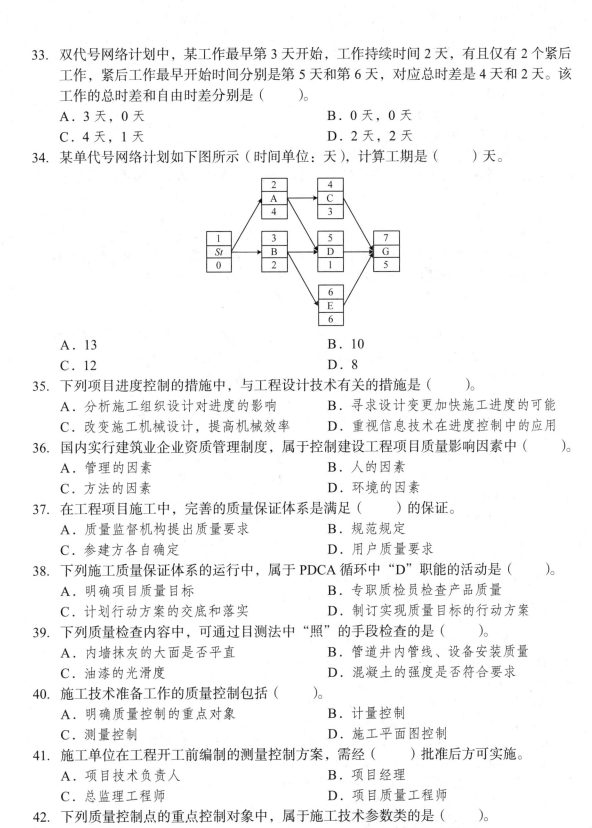

   A.13   B.10
   C.12   D.8

35. 下列项目进度控制的措施中,与工程设计技术有关的措施是(　　)。
   A.分析施工组织设计对进度的影响   B.寻求设计变更加快施工进度的可能
   C.改变施工机械设计,提高机械效率   D.重视信息技术在进度控制中的应用

36. 国内实行建筑业企业资质管理制度,属于控制建设工程项目质量影响因素中(　　)。
   A.管理的因素   B.人的因素
   C.方法的因素   D.环境的因素

37. 在工程项目施工中,完善的质量保证体系是满足(　　)的保证。
   A.质量监督机构提出质量要求   B.规范规定
   C.参建方各自确定   D.用户质量要求

38. 下列施工质量保证体系的运行中,属于PDCA循环中"D"职能的活动是(　　)。
   A.明确项目质量目标   B.专职质检员检查产品质量
   C.计划行动方案的交底和落实   D.制订实现质量目标的行动方案

39. 下列质量检查内容中,可通过目测法中"照"的手段检查的是(　　)。
   A.内墙抹灰的大面是否平直   B.管道井内管线、设备安装质量
   C.油漆的光滑度   D.混凝土的强度是否符合要求

40. 施工技术准备工作的质量控制包括(　　)。
   A.明确质量控制的重点对象   B.计量控制
   C.测量控制   D.施工平面图控制

41. 施工单位在工程开工前编制的测量控制方案,需经(　　)批准后方可实施。
   A.项目技术负责人   B.项目经理
   C.总监理工程师   D.项目质量工程师

42. 下列质量控制点的重点控制对象中,属于施工技术参数类的是(　　)。
   A.水泥的安定性   B.预应力钢筋的张拉
   C.砌体砂浆的饱满度   D.混凝土浇筑后的拆模时间

43. 某工程在竣工质量验收时，参与竣工验收的设计单位与施工、监理单位发生争议，无法形成一致的意见，该情况下，正确的做法是（　　）。
    A．由建设单位作出验收结论
    B．由质量监督站调解并作出验收结论
    C．协商一致后重新组织验收并作出验收结论
    D．请建设行政主管部门调解并作出验收结论

44. 某建设工程项目施工过程中发生脚手架倒塌，造成3名施工人员当场死亡，这一事故属于（　　）。
    A．一般事故　　　　　　　　　　B．较大事故
    C．重大事故　　　　　　　　　　D．特别重大事故

45. 某工程施工过程中，由于对进场材料的检验不严密而引发质量事故。如按质量事故产生的原因划分，该质量事故是由（　　）原因引发的。
    A．技术　　　　　　　　　　　　B．社会
    C．管理　　　　　　　　　　　　D．经济

46. 某钢筋混凝土结构工程的框架柱表面出现局部蜂窝麻面，经调查分析，其承载力满足设计要求，则对该框架柱表面质量问题一般的处理方式是（　　）。
    A．加固处理　　　　　　　　　　B．返修处理
    C．返工处理　　　　　　　　　　D．不作处理

47. 建设工程质量监督机构对地基基础的混凝土强度进行监督检测，在质量监督的性质上属于（　　）。
    A．建设行为监督　　　　　　　　B．工程实体质量监督
    C．工程质量行为监督　　　　　　D．业务管理监督

48. 分部工程验收时，各方分别签字的质量证明文件在验收后3天内，应由（　　）报送质量监督机构备案。
    A．建设单位　　　　　　　　　　B．监理单位
    C．施工单位　　　　　　　　　　D．设计单位

49. 职业健康安全管理体系标准的构成要素有（　　）。
    A．领导作用、策划、实施与运行、管理评审
    B．策划、实施与运行持续改进、管理评审
    C．领导作用、策划、支持和运行、绩效评价、改进
    D．领导作用、策划、检查和纠正措施、管理评审

50. 关于施工总承包单位安全责任的说法，正确的是（　　）。
    A．总承包单位对施工现场的安全生产负总责
    B．总承包单位的项目经理是施工企业第一负责人
    C．业主指定的分包单位可以不服从总承包单位的安全生产管理
    D．分包单位不服从管理导致安全生产事故的，总承包单位不承担责任

51. 关于职业健康安全与环境管理体系管理评审的说法，正确的是（　　）。
    A．管理评审是管理体系接受政府监督的一种机制
    B．管理评审是最高管理者对管理体系的系统评价
    C．管理评审是管理体系自我保证和自我监督的一种机制
    D．管理评审是第三方论证机构对管理体系的系统评价

52. 根据安全生产教育培训制度，新上岗的施工企业从业人员，岗前培训时间的最少学时是（　　）学时。
    A. 36　　　　　　　　　　　　　　B. 48
    C. 12　　　　　　　　　　　　　　D. 24

53. 根据《建设工程安全生产管理条例》，达到一定规模的危险性较大的起重吊装工程应由（　　）进行现场监督。
    A. 施工单位技术负责人　　　　　　B. 总监理工程师
    C. 专职安全生产管理人员　　　　　D. 专业监理工程师

54. "施工现场在对人、机、环境进行安全治理的同时，还需治理安全管理措施"，体现了安全事故隐患的（　　）原则。
    A. 冗余安全度处理　　　　　　　　B. 单项隐患综合处理
    C. 预防与减灾并重处理　　　　　　D. 直接隐患与间接隐患并治

55. 关于生产安全事故应急预案的说法，正确的是（　　）。
    A. 编制目的是为了杜绝职业健康安全和环境事故的发生
    B. 应急预案体系包括综合应急预案、专项应急预案和现场处置方案
    C. 现场处置方案预案从总体上阐述应急的基本要求和程序
    D. 专项应急预案是针对具体装置、场所或设施、岗位所制定的应急措施

56. 关于建设工程施工现场环境保护措施的说法，正确的是（　　）。
    A. 严格控制噪声作业，夜间作业将噪声控制在70dB（A）以下
    B. 禁止将有毒有害废弃物作土方回填
    C. 施工现场可以焚烧材料包装物
    D. 施工现场必须使用预拌混凝土

57. 某建设工程项目采用施工总承包管理模式，若施工总承包管理单位想承担部分工程的施工任务，则应（　　）。
    A. 通过投标竞争取得施工任务
    B. 通过项目业主委托取得施工任务
    C. 自行决定便可取得施工任务
    D. 通过施工总承包单位委托取得施工任务

58. 根据《招标投标法》，招标人对已发出的招标文件进行必要的澄清或修改的，应当在招标文件要求提交投标文件截止时间至少（　　）日前书面通知。
    A. 7　　　　　　　　　　　　　　　B. 14
    C. 21　　　　　　　　　　　　　　D. 15

59. 根据《标准施工招标文件》，编制施工组织设计和施工措施计划，并对所有施工作业和施工方法完备性和安全可靠性负责的是（　　）。
    A. 监理单位　　　　　　　　　　　B. 发包人
    C. 承包人　　　　　　　　　　　　D. 设计单位

60. 关于缺陷责任与保修责任的说法，正确的是（　　）。
    A. 缺陷责任期自实际竣工日期起计算，最长不超过12个月
    B. 承包人应在缺陷责任期内不再对已交付使用的工程承担缺陷责任
    C. 在全部工程竣工验收前，已经发包人提前验收的单位工程，其保修期的起算日期相应提前

D．缺陷责任期内，承包人对已验收使用的工程承担日常维护工作

61. 根据《建设工程施工劳务分包合同（示范文本）》GF—2003—0214，应由劳务分包人完成的工作是（　　）。
   A．收集技术资料　　　　　　　　B．加强安全教育
   C．编制施工计划　　　　　　　　D．搭建生活设施

62. 关于物资采购交货日期的说法，正确的是（　　）。
   A．凡委托运输部门送货的，以供货方发运产品时承运单位签发的日期为准
   B．供货方负责送货的，以供货方按合同规定通知的提货日期为准
   C．采购方提货的，以采购方收获戳记的日期为准
   D．凡委托运输单位代运的产品，以向承运单位提出申请的日期为准

63. 关于固定单价合同的说法，正确的是（　　）。
   A．当国家政策发生变化时，可对单价进行调整
   B．当通货膨胀达到一定水平时，可对单价进行调整
   C．无论发生哪些影响价格的因素都不对单价进行调整
   D．当实际工程量发生较大变化时，可对单价进行调整

64. 关于成本加酬金合同的说法，正确的是（　　）。
   A．成本加固费用合同是指在工程直接费加一定比例的报酬费
   B．最大成本加费用合同是指承包商报一个工程成本总价和一个固定的酬金
   C．成本加奖金合同是指直接成本实报实销，同时确定固定数目的报酬金额
   D．成本加固定比例费用合同是指按成本估算的60%～75%作为酬金计算的基数

65. 下列情形中，承包人不可以提起索赔的事件是（　　）。
   A．法规变化
   B．对合同规定以外的项目进行检验，且检验合格
   C．因工程变更造成的时间损失
   D．不可抗力导致承包人的设备损坏

66. 下列损失中，不属于建设工程人身意外伤害险中除外责任范围的有（　　）。
   A．被保险人不忠实履行约定义务造成的损失
   B．项目建设人员由于施工原因而受到人身伤害的损失
   C．战争或军事行为所造成的损失
   D．投标人故意行为所造成的损失

67. 我国投标担保可以采用的担保方式不包括（　　）。
   A．银行保函　　　　　　　　　　B．信用证
   C．担保公司担保书　　　　　　　D．同业担保书

68. 预付款担保的主要作用是（　　）。
   A．保证承包人能够按合同规定进行施工，偿还发包人已支付的全部预付金额
   B．促使承包商履行合同约定，保护业主的合法权益
   C．保护招标人不因中标人不签约而蒙受经济损失
   D．确保工程费用及时到位

69. 根据施工项目相关的信息管理工作要求，施工技术资料信息属于（　　）。
   A．公共信息　　　　　　　　　　B．项目管理信息

C．工作总体信息 D．施工信息

70．下列关于施工文件立卷的说法，正确的是（　　）。
   A．竣工验收文件按单位工程、专业组卷
   B．卷内备考表排列在卷内文件的首页之前
   C．保管期限为永久的工程档案，其保存期限等于该工程的使用寿命
   D．同一案卷内有不同密级的文件，应以低密级为本卷密级

二、多项选择题（共25题，每题2分。每题的备选项中，有2个或2个以上符合题意，至少有1个错项。错选，本题不得分；少选，所选的每个选项得0.5分）

71．关于业主方项目管理目标和任务的说法，正确的有（　　）。
   A．业主方项目管理是建设工程项目管理的核心
   B．业主方项目管理工作不涉及施工阶段的安全管理工作
   C．业主方项目管理目标包括项目的投资目标、进度目标和质量目标
   D．业主方项目管理目标不包括影响项目运行的环境质量
   E．业主方项目管理工作涉及项目实施阶段的全过程

72．单位工程施工组织设计的内容包括（　　）。
   A．工程概况及施工特点 B．施工方案
   C．作业区施工平面布置设计 D．施工总进度计划
   E．单位工程施工准备工作计划

73．根据《建设工程项目管理规范》GB/T 50326—2017，项目经理的权限有（　　）。
   A．签订工程施工承包合同 B．参与组建项目管理机构
   C．进行授权范围内的利益分配 D．参与选择大宗资源的供应单位
   E．参与工程竣工验收

74．根据《建设工程监理规范》GB/T 50319—2013，编制工程建设监理实施细则的依据有（　　）。
   A．工程建设标准 B．监理大纲
   C．监理委托合同 D．施工组织设计
   E．工程设计文件

75．下列费用中，属于建筑安装工程规费的是（　　）。
   A．教育费附加 B．地方教育附加
   C．职工教育经费 D．住房公积金
   E．工伤保险费

76．根据《标准施工招标文件》，下列导致承包人成本增加的情形中，可以同时补偿承包人费用和利润的有（　　）。
   A．发包人原因导致的工程缺陷和损失
   B．发包人要求向承包人提前交付材料和工程设备
   C．异常恶劣的气候条件
   D．施工过程中发现文物
   E．发包人要求承包人提前竣工

77．下列施工成本管理措施中，属于经济措施的有（　　）。
   A．编制资金使用计划

B. 及时准确记录、收集、整理、核算实际发生的成本
C. 选用最合适的施工机械
D. 编制施工成本控制工作计划
E. 使用先进、高效的机械设备

78. 工程项目施工成本分析的基本方法有（　　）。
   A. 统计核算法　　　　　　　　B. 比较法
   C. 因素分析法　　　　　　　　D. 差额计算法
   E. 比率法

79. 施工项目专项成本分析包括（　　）。
   A. 成本盈亏异常分析　　　　　B. 工期成本分析
   C. 资金成本分析　　　　　　　D. 月度成本分析
   E. 年度成本分析

80. 下列工程进度计划系统的构成内容中，属于由不同功能进度计划组成的有（　　）。
   A. 施工总进度计划、主体工程施工进度计划、钢结构工程施工计划
   B. 设计进度计划、物资采购进度计划、施工进度计划
   C. 业主方的控制性进度计划、项目管理机构的操作性进度计划
   D. 企业投标的指导性进度计划、项目部的实施性进度计划
   E. 企业的年度进度计划、项目部的月度进度计划

81. 某工程双代号网络计划如下图所示，存在的错误有（　　）。

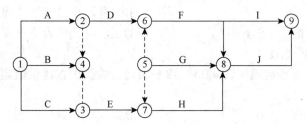

   A. 多个起点节点　　　　　　　B. 多个终点节点
   C. 存在循环回路　　　　　　　D. 箭线上引出箭线
   E. 存在无箭头的工作

82. 建设工程项目进度控制的主要工作环节包括（　　）。
   A. 分析和论证进度目标　　　　B. 确定进度目标
   C. 跟踪检查进度计划执行情况　D. 编制进度计划
   E. 采取纠偏措施

83. 下列施工进度控制措施中，属于组织措施的是（　　）。
   A. 编制施工进度控制的工作流程　B. 分析影响工程进度的风险
   C. 树立动态控制的观念　　　　　D. 编制相应的资源需求计划
   E. 进行有关进度控制会议的组织设计

84. 根据《质量管理体系　基础和术语》GB/T 19000—2016，质量管理的原则包括（　　）。
   A. 领导作用　　　　　　　　　B. 以产品为关注焦点
   C. 过程方法　　　　　　　　　D. 循证决策
   E. 质量第一

85. 下列质量控制工作中，事中质量控制的重点包括（　　）。
    A．质量管理点的设置　　　　　　　　B．施工质量计划的编制
    C．工序质量的控制　　　　　　　　　D．工序质量偏差的纠正
    E．工作质量的控制

86. 建设工程竣工验收应当具备的条件有（　　）。
    A．完成工程设计和合同约定的各项内容　　B．有完整的技术档案和施工管理资料
    C．有建设单位签署的质量合格文件　　　　D．有监理单位提供的巡视记录文件
    E．有施工单位签署的工程保修书

87. 施工质量事故的处理程序中，事故处理阶段的主要工作有（　　）。
    A．事故报告　　　　　　　　　　　　B．事故调查
    C．事故的技术处理　　　　　　　　　D．事故的责任处罚
    E．恢复施工

88. 在工程项目质量监督的"双随机、一公开"方法中，"双随机"是指（　　）。
    A．随机选派监督检查人员　　　　　　B．随机确定抽检部位
    C．随机抽取检查对象　　　　　　　　D．随机确定检查时间
    E．随机确定检查内容

89. 在采用安全检查表（SCL）法辨识危险源时，安全检查表应包括（　　）等内容。
    A．分类项目　　　　　　　　　　　　B．检查目标
    C．检查内容及要求　　　　　　　　　D．检查等级
    E．检查以后处理意见

90. 关于生产安全事故应急预案管理的说法，正确的有（　　）。
    A．施工单位应每半年至少组织一次现场处置方案演练
    B．施工单位应每年至少组织一次综合应急预案演练或专项应急预案演练
    C．地方各级人民政府应急管理部门的应急预案应当报同级人民政府备案
    D．非应急管理方面的专家均可受邀参加应急方案的评审
    E．施工单位应急预案涉及应急响应等级内容变更的，应重新进行修订

91. 下列建设工程施工现场的防治措施中，属于空气污染防治措施的有（　　）。
    A．清理高大建筑物的施工垃圾时使用封闭式容器
    B．施工现场道路指定专人定期洒水清扫
    C．机动车安装减少尾气排放的装置
    D．化学用品妥善保管，库内存放避免污染
    E．拆除旧建筑时，适当洒水

92. 关于施工总承包模式特点的说法，正确的有（　　）。
    A．开工日期不可能太早，建设周期会较长
    B．合同价不明确，不利于业主总造价的早期控制
    C．工程质量在很大程度上取决于总承包方的管理水平和技术水平
    D．业主选择承包方的招标及合同管理工作量小
    E．与平行发包模式相比，组织协调工作量大

93. 根据《建设工程施工专业分包合同（示范文本）》GF—2003—0213，承包人的工作包括（　　）。

A．组织分包人参加发包人组织的图纸会审，向分包人进行设计图纸交底
B．负责整个施工场地的管理工作，协调分包人与同一施工场地的其他分包人之间的交叉配合
C．负责提供专业分包合同专用条款中约定的保修与试车，并承担由此发生的费用
D．随时为分包人提供确保分包工程施工所要求的施工场地和通道，满足施工运输需要
E．提供详细施工组织设计

94. 根据《标准施工招标文件》，下列事项应纳入工程变更范围的有（　　）。
A．改变工程的标高　　　　　　　　B．改变工程的实施顺序
C．增加一项合同范围以外的工作　　D．将合同中的某项工作转由他人实施
E．工程设备价格的变化

95. 在招标文件中要求中标人提交履约担保的形式有（　　）。
A．房屋抵押权证　　　　　　　　　B．保证金
C．由保险公司开具的履约担保书　　D．有价证券
E．商业银行开具的担保函

考前第 3 套卷参考答案及解析

一、单项选择题

1. C	2. B	3. A	4. D	5. A
6. D	7. B	8. D	9. B	10. D
11. A	12. D	13. B	14. A	15. B
16. D	17. C	18. D	19. B	20. C
21. D	22. B	23. A	24. C	25. C
26. B	27. C	28. B	29. D	30. C
31. C	32. C	33. C	34. A	35. B
36. B	37. D	38. C	39. B	40. A
41. A	42. C	43. C	44. B	45. C
46. B	47. B	48. B	49. C	50. A
51. B	52. B	53. C	54. B	55. B
56. B	57. A	58. D	59. C	60. C
61. B	62. A	63. C	64. B	65. D
66. B	67. B	68. A	69. D	70. A

【解析】

1. C。A、B 选项属于决策阶段的工作内容，D 选项属于设计准备阶段的工作内容。

2. B。决策是指从几个可能的方案中选择一个将被执行的方案，包括增加夜班作业。

3. A。工作流程组织包括管理工作流程组织、信息处理工作流程组织、物质流程组织。故 B 选项错误。项目参与方包括业主方、工程管理咨询单位、设计单位、施工单位和供货单位等。故 C 选项错误。工作流程图应视需要逐层细化，如投资控制工作流程可细化为初步设计阶段投资控制工作流程图、施工图阶段投资控制工作流程图和施工阶段投资控制工作流程图等。故 D 选项错误。

4. D。同一建设工程项目可有不同的项目结构的分解方法，项目结构的分解应和整个工程实施的部署相结合，并和将采用的合同结构相结合。

5. A。施工部署及施工方案的内容包括全面部署施工任务，合理安排施工顺序，确定主要工程的施工方案。

6. D。运用动态控制原理控制进度的步骤如下：（1）工程进度目标的逐层分解；（2）在项目实施过程中对工程进度目标进行动态跟踪和控制；（3）如有必要（即发现原定的工程进度目标不合理，或原定的工程进度目标无法实现等），则调整工程进度目标。

7. B。建筑施工企业项目经理（简称项目经理），是指受企业法定代表人委托对工程项目施工过程全面负责的项目管理者，是建筑施工企业法定代表人在工程项目上的代表人。

8. D。项目管理目标责任书应在项目实施之前，由法定代表人或其授权人与项目经理协商制定。

9. B。施工风险管理过程包括施工全过程的风险识别、风险评估、风险应对和风险监控。

10. D。工程建设监理规划应在签订委托监理合同及收到设计文件后开始编制,在召开第一次工地会议前报送建设单位。总监理工程师组织专业监理工程师参加编制,总监理工程师签订后由工程监理单位技术负责人审批。

11. A。施工机具使用费是指施工作业所发生的施工机械、仪器仪表使用费或其租赁费。仪器仪表使用费是指工程施工所需使用的仪器仪表的摊销及维修费用。

12. D。施工定额是施工企业(建筑安装企业)为组织生产和加强管理在企业内部使用的一种定额,属于企业定额的性质。

13. B。A 选项错误,还与每周转使用一次材料的损耗、周转材料的最终回收及其回收折价有关。C 选项错误,应采用摊销量。D 选项的说法是错误的。

14. A。综合单价=(人、料、机+管理费+利润)/清单工程量=[(50000+40000+10000)×(1+10%)×(1+6%)]/2000=58.30 元/m³。

15. B。参数法计价是指按一定的基数乘系数的方法或自定义公式进行计算。这种方法简单明了,但最大的难点是公式的科学性、准确性难以把握。这种方法主要适用于施工过程中必须发生,但在投标时很难具体分项预测,又无法单独列出项目内容的措施项目。如夜间施工费、二次搬运费、冬雨期施工的计价均可以采用该方法。

16. D。总承包服务费应根据招标工程量列出的专业工程暂估价内容和供应材料、设备情况,按照招标人提出协调、配合与服务要求和施工现场管理需要自主确定。

17. C。施工中进行工程量计量时,当发现招标工程量清单中出现缺项、工程量偏差,或因工程变更引起工程量增减时,应按承包人在履行合同义务中完成的工程量计量。

18. D。合同履行期间,由于招标工程量清单中缺项,新增分部分项工程量清单项目的,应按照规范中工程变更相关条款确定单价,并调整合同价款。故 A 选项错误。新增分部分项清单项目的综合单价应由承包人提出,发包人批准。故 B 选项错误。新增分部分项工程量清单项目后,引起措施项目发生变化的,应按照规范中工程变更相关规定,在承包人提交的实施方案被发包人批准后调整合同价款。故 C 选项错误。由于招标工程量清单中措施项目缺项,承包人应将新增措施项目实施方案提交发包人批准后,按照规范相关规定调整合同价款。故 D 选项正确。

19. B。土方工程需调整的价款=1000×[0.2+0.8×0.5×1.2+0.8×0.5×1.1-1]=120 万元。

20. C。按《建设工程施工合同(示范文本)》GF—2017—0201,除专用合同条款另有约定外,变更估价按照以下约定处理:(1)已标价工程量清单或预算书有相同项目的,按照相同项目单价认定;(2)已标价工程量清单或预算书中无相同项目,但有类似项目的,参照类似项目的单价认定;(3)变更导致实际完成的变更工程量与已标价工程量清单或预算书中列明的该项目工程量的变化幅度超过 15%,或已标价工程量清单或预算书中无相同项目及类似项目单价的,按照合理的成本与利润构成的原则,由合同当事人协商确定变更工作的单价。

21. D。因窝工引起的设备费索赔,当施工机械属于施工企业自有时,按照机械折旧费计算索赔费用;属于外部租赁时,按照应分摊的租赁费计算。故承包人可以索赔的费用=4×500+3×300=2900 元。

22. B。现场签证的范围一般包括:(1)适用于施工合同范围以外零星工程的确认;

（2）在工程施工过程中发生变更后需要现场确认的工程量；（3）非承包人原因导致的人工、设备窝工及有关损失；（4）符合施工合同规定的非承包人原因引起的工程量或费用增减；（5）确认修改施工方案引起的工程量或费用增减；（6）工程变更导致的工程施工措施费增减等。

23．A。承包人对安全文明施工费应专款专用，在财务账目中单独列项备查，不得挪作他用。故A选项正确。基准日期后合同所适用的法律发生变化，由发包人承担。故B选项错误。承包人经发包人同意采取合同约定以外的安全措施所产生的费用，由发包人承担。故C选项错误。发包人应在开工后28天内预付安全文明施工费总额的50%。故D选项错误。

24．C。A选项错误，从工程竣工验收合格之日起计算；B选项错误，保修期自转移占有之日起算；D选项错误，应限于承包人原因造成的。

25．C。竞争性成本计划是施工工程项目投标及签订合同阶段的估算成本计划。

26．B。费用偏差=已完工作预算费用-已完工作实际费用=已完成工作量×预算单价-已完成工作量×实际单价=1×90-1×95=-5万元。

27．C。其他直接费用是指施工过程中发生的材料搬运费、材料装卸保管费、燃料动力费、临时设施摊销、生产工具用具使用费、检验试验费、工程定位复测费、工程点交费、场地清理费，以及能够单独区分和可靠计量的为订立建造承包合同而发生的差旅费、投标费等费用。

28．B。年度成本分析的内容，除了月（季）度成本分析的六个方面以外，重点是针对下一年度的施工进展情况制定切实可行的成本管理措施，以保证施工项目成本目标的实现。

29．D。进行资金成本分析通常应用"成本支出率"指标，即成本支出占工程款收入的比例。

30．C。业主方进度控制的任务是控制整个项目实施阶段的进度，包括控制设计准备阶段的工作进度、设计工作进度、施工进度、物资采购工作进度，以及项目动用前准备阶段的工作进度。

31．C。节点是网络图中箭线之间的连接点。故A选项错误。中间节点是既有内向箭线，又有外向箭线的节点。故B选项错误。网络节点的编号顺序应从小到大，可不连续，但不允许重复。故C选项正确。节点内不能用工作名称代替编号。故D选项错误。

32．C。C选项为不妥之处，节点1→节点3、节点7→节点8与其他节点的表示方法不一致。

33．A。总时差等于其最迟开始时间减去最早开始时间，或等于最迟完成时间减去最早完成时间。最迟完成时间是紧后工作的最迟开始时间的最小值，则本工作的最迟完成时间=min{（3+5），（3+6）}=8。工作的最早完成时间等于最早开始时间加上其持续时间，则本工作的最早完成时间=3+2=5。所以本工作的总时差=8-5=3天。当有紧后工作时，自由时差等于紧后工作最早开始时间减本工作的最早完成时间，所以本工作的自由时差=5-5=0天。

34．A。本题的计算过程为：
工作A：最早开始时间=0，最早完成时间=0+4=4。
工作B：最早开始时间=0，最早完成时间=0+2=2。
工作C：最早开始时间=4，最早完成时间=4+3=7。
工作D：紧前工作包括工作A、B，则最早开始时间=max{4，2}=4，最早完成时间=4+1=5。

工作 E：最早开始时间=2，最早完成时间=2+6=8。

工作 G：紧前工作包括工作 C、D、E，最早开始时间=max{7，5，8}=8，最早完成时间=8+5=13。

关键线路为①→③→⑥→⑦；计算工期=13 天。

35. B。施工进度控制的技术措施涉及对实现进度目标有利的设计技术和施工技术的选用。不同的设计理念、设计技术路线、设计方案会对工程进度产生不同的影响。在工程进度受阻时，应分析是否存在设计技术的影响因素，为实现进度目标有无设计变更的可能性。

36. B。我国实行的执业资格注册制度和管理及作业人员持证上岗制度等，从本质上说，就是对从事施工活动的人的素质和能力进行必要的控制。

37. D。在工程项目施工中，完善的质量保证体系是满足用户质量要求的保证。

38. C。实施（D）包含两个环节，即计划行动方案的交底和按计划规定的方法及要求展开的施工作业技术活动。

39. B。目测法中"照"的手段检查的是管道井、电梯井等内部管线、设备安装质量，装饰吊顶内连接及设备安装质量等。A 选项属于目测法中的"看"，C 选项属于目测法中的"摸"，D 选项属于理化试验。

40. A。技术准备是指在正式开展施工作业活动前进行的技术准备工作。这类工作内容繁多，主要在室内进行，例如：熟悉施工图纸，进行详细的设计交底和图纸审查。细化施工技术方案和施工人员、机具的配置方案，编制施工作业技术指导书，绘制各种施工详图（如测量放线图、大样图及配筋、配板、配线图表等），进行必要的技术交底和技术培训。技术准备的质量控制，包括对上述技术准备工作成果的复核审查，检查这些成果有无错漏，是否符合相关技术规范、规程的要求和对施工质量的保证程度。制定施工质量控制计划，设置质量控制点，明确关键部位的质量管理点等。

41. A。施工单位在开工前应编制测量控制方案，经项目技术负责人批准后实施。

42. C。质量控制点的重点控制对象包括：人的行为；材料的质量与性能；施工方法与关键操作；施工技术参数；技术间歇；施工顺序；易发生或常见的质量通病；新技术、新材料及新工艺的应用；产品质量不稳定和不合格率较高的工序；特殊地基或特种结构。其中混凝土的外加剂掺量、水胶比、坍落度、抗压强度、回填土的含水量、砌体的砂浆饱满度、防水混凝土的抗渗等级、大体积混凝土内外温差及混凝土冬期施工受冻临界强度、装配式混凝土预制构件出厂时的强度等技术参数都是应重点控制的质量参数与指标。

43. C。参与工程竣工验收的建设、勘察、设计、施工、监理等各方不能形成一致意见时，应当协商提出解决的方法，待意见一致后，重新组织工程竣工验收。

44. B。较大事故，是指造成 3 人以上 10 人以下死亡，或者 10 人以上 50 人以下重伤，或者 1000 万元以上 5000 万元以下直接经济损失的事故。

45. C。管理原因引发的质量事故：指管理上的不完善或失误引发的质量事故。例如：施工单位或监理单位的质量管理体系不完善，检验制度不严密，质量控制不严格，质量管理措施落实不力，检测仪器设备管理不善而失准，材料检验不严等原因引起的质量事故。

46. B。当工程的某些部分的质量虽未达到规范、标准或设计规定的要求，存在一定的缺陷，但经过返修后可以达到要求的质量标准，又不影响使用功能或外观的要求时，可采取返修处理的方法。

47．B。工程实体质量监督，是指主管部门对涉及工程主体结构安全、主要使用功能的工程实体质量情况实施监督。

48．A。对工程项目建设中的结构主要部位（如桩基、基础、主体结构等）除进行常规检查外，监督机构还应在分部工程验收时进行监督，监督检查验收合格后，方可进行后续工程的施工。建设单位应将施工、设计、监理和建设单位各方分别签字的质量验收证明在验收后3天内报送工程质量监督机构备案。

49．C。职业健康安全管理体系标准的构成要素有领导作用、策划、支持和运行、绩效评价、改进。

50．A。施工企业的代表人是安全生产的第一负责人，项目负责人是施工项目生产的主要负责人。故B选项错误。建设工程实行总承包的，由总承包单位对施工现场的安全生产负总责并自行完成工程主体结构的施工。故A选项正确。分包单位应当接受总承包单位的安全生产管理，分包合同中应当明确各自的安全生产方面的权利、义务。分包单位不服从管理导致生产安全事故的，由分包单位承担主要责任，总承包和分包单位对分包工程的安全生产承担连带责任。故C、D选项错误。

51．B。管理评审是由组织的最高管理者对管理体系的系统评价，判断企业的管理体系面对内部情况和外部环境的变化是否充分适应有效，由此决定是否对管理体系做出调整。

52．D。企业新上岗的从业人员，岗前培训时间不得少于24学时。

53．C。施工单位应当在施工组织设计中编制安全技术措施和施工现场临时用电方案，对达到一定规模的危险性较大的分部分项工程编制专项施工方案，并附具安全验算结果，经施工单位技术负责人、总监理工程师签字后实施，由专职安全生产管理人员进行现场监督。

54．D。事故直接隐患与间接隐患并治原则是指对人、机、环境系统进行安全治理的同时，还需治理安全管理措施。

55．B。编制应急预案的目的，是避免紧急情况发生时出现混乱，确保按照合理的响应流程采取适当的救援措施，预防和减少可能随之引发的职业健康安全和环境影响。故A选项错误。现场处置方案是针对具体的装置、场所或设施、岗位所制定的应急处置措施。故C选项错误。专项应急预案是针对具体的事故类别（如基坑开挖、脚手架拆除等事故）、危险源和应急保障而制定的计划或方案。故D选项错误。

56．B。建筑施工产界夜间噪声排放限值是55dB（A）。故A选项错误。禁止将有毒有害废弃物作坊回填，避免污染水源。故选项B正确。禁止施工现场焚烧有毒、有害烟尘和恶臭气体的物资，如焚烧沥青、包装箱袋和建筑垃圾等。故C选项错误。在规定区域内的施工现场应使用预拌制混凝土及预拌砂浆。故D选项错误。

57．A。施工总承包管理单位想承担部分具体工程的施工，这时它也可以参加这一部分工程施工的投标，通过竞争取得任务。

58．D。招标人对已发出的招标文件进行必要的澄清或者修改，应当在招标文件要求提交投标文件截止时间至少15日前发出。

59．C。承包人应按合同约定的工作内容和施工进度要求，编制施工组织设计和施工措施计划，并对所有施工作业和施工方法的完备性和安全可靠性负责。

60．C。A选项错误，缺陷责任期最长不超过2年。B选项错误，承包人应在缺陷责任期内对已交付使用的工程承担缺陷责任。C选项错误，缺陷责任期内，发包人对已接收使用的工程负责日常维护工作。

61. B。劳务分包人的工作之一是：加强安全教育，认真执行安全技术规范，严格遵守安全制度，落实安全措施，确保施工安全。

62. A。交货日期的确定方式：(1)供货方负责送货的，以采购方收货戳记的日期为准。故B选项错误。(2)采购方提货的，以供货方按合同规定通知的提货日期为准。故C选项错误。(3)凡委托运输部门或单位运输、送货或代运的产品，一般以供货方发运产品时承运单位签发的日期为准，不是以向承运单位提出申请的日期为准。故A选项正确，D选项错误。

63. C。固定单价合同条件下，无论发生哪些影响价格的因素都不对单价进行调整，因而对承包商而言就存在一定的风险。

64. B。成本加固定费用合同是指根据双方讨论同意的工程规模、估计工期、技术要求、工作性质及复杂性、所涉及的风险等来考虑确定一笔固定数目的报酬金额作为管理费及利润，对人工、材料、机械台班等直接成本则实报实销。故A选项错误。最大成本加费用合同是指在工程成本总价合同基础上加固定酬金费用的方式，即当设计深度达到可以报总价的深度，投标人报一个工程成本总价和一个固定的酬金。故B选项正确。奖金是根据报价书中的成本估算指标制定的，在合同中对这个估算指标规定一个底点和顶点，分别为工程成本估算的60%~75%和110%~135%。承包商在估算指标的顶点以下完成工程则可得到奖金，超过顶点则要对超出部分支付罚款。如果成本在底点之下，则可加大酬金值或酬金百分比。故C选项错误。工程成本中直接费加一定比例的报酬费，报酬部分的比例在签订合同时由双方确定。故D选项错误。

65. D。承包商可以提起索赔的事件有：(1)发包人违反合同给承包人造成时间、费用的损失；(2)因工程变更(含设计变更、发包人提出的工程变更、监理工程师提出的工程变更，以及承包人提出并经监理工程师批准的变更)造成的时间、费用损失；(3)由于监理工程师对合同文件的歧义解释、技术资料不确切，或由于不可抗力导致施工条件的改变，造成了时间、费用的增加；(4)发包人提出提前完成项目或缩短工期而造成承包人的费用增加；(5)发包人延误支付期限造成承包人的损失；(6)合同规定以外的项目进行检验，且检验合格，或非承包人的原因导致项目缺陷的修复所发生的损失或费用；(7)非承包人的原因导致工程暂时停工；(8)物价上涨，法规变化及其他。

66. B。各类保险合同由于标的的差异，除外责任不尽相同，但比较一致的有：(1)投保人故意行为所造成的损失；(2)因被保险人不忠实履行约定义务所造成的损失；(3)战争或军事行为所造成的损失；(4)保险责任范围以外，其他原因所造成的损失。

67. B。投标担保可以采用银行保函、担保公司担保书、同业担保书和投标保证金担保方式。

68. A。预付款担保的主要作用在于保证承包人能够按合同规定进行施工，偿还发包人已支付的全部预付金额。

69. D。施工信息内容包括施工记录信息，施工技术资料信息等。

70. A。B选项错误，卷内备考表排列在卷内文件的尾页之后。C选项错误，永久是指工程档案需永久保存。D选项错误，密级分为绝密、机密、秘密三种。同一案卷内有不同密级的文件，应以高密级为本卷密级。

二、多项选择题

71. A、C、E	72. A、B、E	73. B、D	74. A、D、E	75. D、E
76. A、E	77. A、B	78. B、C、D、E	79. A、B、C	80. C、D
81. A、B、D	82. A、C、D、E	83. A、E	84. A、C、D	85. C、E
86. A、B、E	87. C、D	88. A、C	89. A、C、E	90. A、B、C、E
91. A、B、C、E	92. A、C、D	93. A、B、D	94. A、C、D	95. B、C、E

【解析】

71. A、C、E。对于一个建设工程项目而言，业主方的项目管理是管理的核心。故 A 选项正确。业主方的项目管理工作涉及项目实施阶段的全过程，即在设计前的准备阶段、设计阶段、施工阶段、动用前准备阶段和保修期分别进行安全管理、投资控制、进度控制、质量控制、合同管理等工作。故选 B 项错误，E 选项正确。业主方项目管理的目标包括项目的投资目标、进度目标和质量目标。故 C 选项正确。项目的质量目标不仅涉及施工的质量，还包括设计质量、材料质量、设备质量和影响项目运行或运营的环境质量等。故 D 选项错误。

72. A、B、E。单位工程施工组织设计的主要内容包括：（1）工程概况及施工特点分析；（2）施工方案的选择；（3）单位工程施工准备工作计划；（4）单位工程施工进度计划；（5）各项资源需求量计划；（6）单位工程施工总平面图设计；（7）技术组织措施、质量保证措施和安全施工措施；（8）主要技术经济指标。

73. B、D。项目经理的权限包括：（1）参与项目招标、投标和合同签订；（2）参与组建项目管理机构；（3）参与组织对项目各阶段的重大决策；（4）主持项目管理机构工作；（5）决定授权范围内的项目资源使用；（6）在组织制度的框架下制定项目管理机构管理制度；（7）参与选择并直接管理具有相应资质的分包人；（8）参与选择大宗资源的供应单位；（9）在授权范围内与项目相关方进行直接沟通；（10）法定代表人和组织授予的其他权利。

74. A、D、E。编制监理实施细则的依据有：（1）监理规划；（2）相关标准、工程设计文件；（3）施工组织设计、专项施工方案。

75. D、E。规费是指按国家法律、法规规定，由省级政府和省级有关权力部门规定必须缴纳或计取的费用。包括：（1）社会保险费（养老保险费、失业保险费、医疗保险费、生育保险费、工伤保险费）；（2）住房公积金。

76. A、E。A 选项，发包人原因导致的工程缺陷和损失，可补偿费用和利润。B 选项，发包人要求向承包人提前交付材料和工程设备，只可补偿费用。C 选项，异常恶劣的气候条件，只可补偿工期。D 选项，施工过程发现文物、古迹以及其他遗迹化石、钱币或物品，可补偿工期和费用。E 选项，发包人要求承包人提前竣工，可补偿费用和利润。

77. A、B。经济措施是最易为人们所接受和采用的措施。管理人员应编制资金使用计划，确定、分解施工成本管理目标。对施工成本管理目标进行风险分析，并制定防范性对策。对各种支出，应认真做好资金的使用计划，并在施工中严格控制各项开支，及时准确地记录、收集、整理、核算实际发生的成本。对各种变更，及时做好增减账，及时落实业主签证，及时结算工程款。C、E 选项属于技术措施，D 选项属于组织措施。

78. B、C、D、E。施工成本分析的基本方法包括比较法、因素分析法、差额计算法、比率法等。

79. A、B、C。专项成本分析方法，针对与成本有关的特定事项的分析，包括成本盈亏异常分析、工期成本分析、资金成本分析等内容。

80. C、D。由不同功能的计划构成的进度计划系统，包括：（1）控制性进度规划（计划）；（2）指导性进度规划（计划）；（3）实施性（操作性）进度计划等。

81. A、B、D。节点①、⑤都是起点节点；节点④、⑨都是终点节点；箭线⑥→⑨引出了指向节点⑧的箭头。

82. A、C、E。进度控制的主要工作环节包括进度目标的分析和论证、编制进度计划、定期跟踪进度计划的执行情况、采取纠偏措施以及调整进度计划。

83. A、E。施工进度控制的组织措施包括：（1）重视健全项目管理的组织体系；（2）在项目组织结构中应有专门的工作部门和符合进度控制岗位资格的专人负责进度控制工作。（3）进度控制的主要工作环节包括进度目标的分析和论证、编制进度计划、定期跟踪进度计划的执行情况、采取纠偏措施以及调整进度计划。这些工作任务和相应的管理职能应在项目管理组织设计的任务分工表和管理职能分工表中标示并落实。（4）应编制施工进度控制的工作流程。（5）进度控制工作包含了大量的组织和协调工作，而会议是组织和协调的重要手段，应进行有关进度控制会议的组织设计。B、C 选项属于管理措施，D 选项属于经济措施。

84. A、C、D。质量管理的原则包括：以顾客为关注焦点、领导作用、全员积极参与、过程方法、改进、循证决策、关系管理。

85. C、E。事中控制的重点是工序质量、工作质量和质量控制点的控制。

86. A、B、E。建设工程竣工验收应当具备下列条件：（1）完成建设工程设计和合同约定的各项内容。（2）有勘察、设计、施工、工程监理等单位分别签署的质量合格文件。（3）有完整的技术档案和施工管理资料。（4）有工程使用的主要建筑材料、建筑构配件和设备的进场试验报告以及工程质量检测和功能性试验资料。（5）建设单位已按合同约定支付工程款。（6）有施工单位签署的工程质量保修书。（7）建设主管部门及工程质量监督机构责令整改的问题全部整改完毕。

87. C、D。根据制定的质量事故处理的方案，对质量事故进行认真处理。处理的内容主要包括：事故的技术处理，以解决施工质量不合格和缺陷问题；事故的责任处罚，根据事故的性质、损失大小、情节轻重对事故的责任单位和责任人做出相应的行政处分直至追究刑事责任。

88. A、C。对工程实体质量和工程质量责任主题等单位工程质量行为进行抽查和抽测。采取"双随机、一公开"是指随机抽取检查对象，随机选派监督检查人员，及时公开检查情况和查处结果。

89. A、C、E。安全检查表的内容一般包括分类项目、检查内容及要求、检查以后处理意见等。

90. A、B、C、E。D 选项错误，参加应急预案评审的人员应当包括应急预案涉及的政府部门工作人员和有关安全生产及应急管理方面的专家。

91. A、B、C、E。化学用品妥善保管，库内存放避免污染属于施工过程水污染防治的措施。

92. A、C、D。施工总承包模式中，在开工前就有较明确的合同价，有利于业主的总造价的早期控制。故 B 选项错误。由于业主只负责对施工总承包单位的管理及组织协调，工作量会大大减少，这对业主有利。故 E 选项错误。

93. A、B、D。承包人的工作：（1）向分包人提供与分包工程相关的各种证件、批件和各种相关资料，向分包人提供具备施工条件的施工场地；（2）组织分包人参加发包人组织的图纸会审，向分包人进行设计图纸交底；（3）提供本合同专用条款中约定的设备和设施，并承担因此发生的费用；（4）随时为分包人提供确保分包工程的施工所要求的施工场地和通道等，满足施工运输的需要，保证施工期间的畅通；（5）负责整个施工场地的管理工作，协调分包人与同一施工场地的其他分包人之间的交叉配合，确保分包人按照经批准的施工组织设计进行施工。

94. A、B、C。根据《标准施工招标文件》规定，工程变更的范围和内容包括：（1）取消合同中任何一项工作，但被取消的工作不能转由发包人或其他人实施；（2）改变合同中任何一项工作的质量或其他特性；（3）改变合同工程的基线、标高、位置或尺寸；（4）改变合同中任何一项工作的施工时间或改变已批准的施工工艺或顺序；（5）为完成工程需要追加的额外工作。

95. B、C、E。履约担保可以采用银行保函、履约担保书和履约保证金的形式，也可以采用同业担保的方式，即由实力强、信誉好的承包商为其提供履约担保，但应当遵守国家有关企业之间提供担保的有关规定，不允许两家企业互相担保或多家企业交叉互保。

《建设工程施工管理》考前第2套卷

一、单项选择题（共70题，每题1分。每题的备选项中，只有1个最符合题意）

1. 业主方项目管理的目标中，进度目标是指（　　）的时间目标。
   A．项目动用　　　　　　　　　　B．竣工验收
   C．联动试车　　　　　　　　　　D．保修期结束

2. 线性组织结构的特点是（　　）。
   A．组织内每个工作部门可能有多个矛盾的指令源
   B．每一个工作部门只有一个直接的上级部门
   C．谁的级别高，就听谁的指令
   D．可以越级指挥或请示

3. 下列组织工具中，可以用来对项目的结构进行逐层分解，以反映组成该项目的所有工作任务的是（　　）。
   A．项目结构图　　　　　　　　　B．组织结构图
   C．工作任务分工表　　　　　　　D．管理职能分工表

4. 关于组织结构模式、组织分工和工作流程组织的说法，正确的是（　　）。
   A．组织结构模式反映逻辑关系
   B．工作流程组织反映工作间组织关系
   C．组织分工是指工作任务分工
   D．组织结构模式和组织分工是一种相对静态的组织关系

5. 下列分部（分项）工程中，需要编制分部（分项）工程施工组织设计的是（　　）。
   A．零星土石方工程　　　　　　　B．场地平整
   C．混凝土垫层工程　　　　　　　D．定向爆破工程

6. 建设工程项目目标动态控制的核心是在项目的实施过程中（　　）。
   A．事前分析可能导致项目目标偏离的因素
   B．确定项目目标控制的计划值
   C．定期进行项目目标的计划值和实际值的比较
   D．有针对性采取有效的预防措施

7. 在施工成本动态控制过程中，当对工程合同价与实际施工成本、工程款支付进行比较时，成本的计划值是（　　）。
   A．工程合同价　　　　　　　　　B．实际施工成本
   C．工程款支付额　　　　　　　　D．施工图预算

8. 建筑施工企业项目经理在承担工程项目施工管理工作中，行使的管理权力是（　　）。
   A．调配并管理进入工程项目的各种生产要素
   B．负责组建项目经理部
   C．执行项目承包合同约定的应由项目经理负责履行的各项条款
   D．负责选择并使用具有相应资质的分包人

9. 建设工程项目风险有多种类型，承包方技术管理人员能力欠缺属于（　　）。
   A．技术风险
   B．工程环境风险
   C．经济与管理风险
   D．组织风险

10. 根据《建设工程质量管理条例》，监理工程师应当按照（　　）的要求，采取旁站、巡视和平行检验等形式，对建设工程实施监理。
    A．工程监理规范
    B．建设工程强制性标准条文
    C．委托监理合同
    D．工程技术标准

11. 下列施工中发生的与材料有关的费用，属于建筑安装工程费中材料费的是（　　）。
    A．对原材料进行一般鉴定、检查所发生的费用
    B．原材料在运输装卸过程中不可避免的损耗费
    C．施工机械场外运输所需的辅助材料费
    D．机械设备日常保养所需的材料费用

12. 根据现行《建筑安装工程费用项目组成》，下列费用中，应计入分部分项工程费的是（　　）。
    A．安全文明施工费
    B．二次搬运费
    C．施工机械使用费
    D．大型机械设备进出场及安拆费

13. 已知某挖土机挖土的一个工作循环需 2 分钟，每循环一次挖土 $0.5m^3$，工作班的延续时间为 8 小时，时间利用系数 $K=0.85$，则其台班产量定额为（　　）。
    A．$12.8m^3$/台班
    B．$15m^3$/台班
    C．$102m^3$/台班
    D．$120m^3$/台班

14. 根据《建设工程工程量清单计价规范》GB 50500—2013 编制的分部分项工程量清单，其工程数量是按照（　　）计算的。
    A．施工图图示尺寸和工程量清单计算规则计算得到的工程净量
    B．设计文件结合不同施工方案确定的工程量平均值
    C．工程实体量和损耗量之和
    D．实际施工完成的全部工程量

15. 关于分部分项工程清单工程量和定额子目工程量的说法，正确的是（　　）。
    A．一个清单项目只对应一个定额子目时，清单工程量的定额工程量完全相同
    B．清单工程量计算的主项工程量，应与定额子目的工程量一致
    C．清单工程量通常可以用于直接计价
    D．定额子目工程量应严格按照与所采用的定额相对应的工程量计算规则计算

16. 投标过程中，投标人发现招标工程量清单项目特征描述与设计图纸的描述不符时，报价时应以（　　）为准。
    A．投标人按规范修正后的项目特征
    B．招标工程量清单的项目特征
    C．实际施工项目的具体特征
    D．招标文件中的设计图纸及其说明

17. 工程量清单中，钻孔桩的桩长一般采用的计量方法是（　　）。
    A．均摊法
    B．估价法
    C．断面法
    D．图纸法

18. 根据《建设工程工程量清单计价规范》GB 50500—2013，当实际增加的工程量超过清单工程量15%以上，且造成按总价方式计价的措施项目发生变化的，应将（　　）。
    A．综合单价调高，措施项目调增
    B．综合单价调高，措施项目调减

C．综合单价调低，措施项目调增　　　　D．综合单价调低，措施项目调减

19. 根据《建设工程工程量清单计价规范》GB 50500—2013，工程发包时，招标人要求索赔的工期天数超过定额工期（　　）时，应当在招标文件中明示增加赶工费用。
   A．5%　　　　　　　　　　　　　　B．10%
   C．15%　　　　　　　　　　　　　　D．20%

20. 采用单价计算的措施项目费，按照（　　）确定单价。
   A．实际发生的措施项目，考虑承包人报价浮动因素
   B．实际发生变化的措施项目及已标价工程量清单项目的规定
   C．实际发生变化的措施项目并考虑承包人报价浮动
   D．类似的项目单价及已标价工程量清单的规定

21. 根据《标准施工招标文件》通用合同条款，下列引起承包人索赔的事件中，只能获得费用补偿的是（　　）。
   A．采取合同未约定的安全作业环境及安全施工措施
   B．因发包人提供的材料、工程设备造成工程不合格
   C．延迟提供施工场地
   D．异常恶劣的气候条件，导致工期延误

22. 根据《建设工程施工合同（示范文本）》GF—2017—0201，预付款支付的至迟时间为（　　）。
   A．签署合同后的第 15 天
   B．开工通知载明的开工日期 7 天前
   C．承包人的材料、设备、人员进场 7 天前
   D．预付款担保提供后的第 7 天

23. 编制竣工结算文件时，应按国家、省级或行业建设主管部门的规定计价的是（　　）。
   A．计日工费　　　　　　　　　　　　B．总承包服务费
   C．安全文明施工费　　　　　　　　　D．现场签证费

24. 关于施工成本核算的说法，正确的是（　　）。
   A．竣工工程现场成本应由企业财务部门进行核算分析
   B．施工成本核算对象只能是单位工程
   C．施工成本核算包括四个基本环节
   D．施工成本核算应按规定的会计周期进行

25. 关于施工预算和施工图预算的说法，正确的是（　　）。
   A．施工预算的编制以预算定额为主要依据
   B．施工图预算的编制以施工定额为主要依据
   C．施工图预算只适用于发包人，而不适用于承包人
   D．施工预算是施工企业内部管理用的一种文件，与发包人无直接关系

26. 某分项工程某月计划工程量为 3200m²，计划单价为 15 元/m²，月末核定实际完成工程量为 2800m²，实际单价为 20 元/m²。则该分项工程的已完工作预算费用（BCWP）是（　　）元。
   A．56000　　　　　　　　　　　　　B．64000
   C．42000　　　　　　　　　　　　　D．48000

27. 工程成本应当包括（　　）所发生的、与执行合同有关的直接费用和间接费用。
   A．从工程投标开始至竣工验收为止
   B．从合同签订开始至合同完成为止
   C．从场地移交开始至项目移交为止
   D．从项目设计开始至竣工投产为止

28. 下列施工项目综合成本的分析方法中，可以全面了解单位工程的成本构成和降低成本来源的是（　　）。
   A．月（季）度成本分析
   B．竣工成本的综合分析
   C．年度成本分析
   D．分部分项工程成本分析

29. 作为建设工程项目进度控制的依据，建设工程项目进度计划系统应（　　）。
   A．在项目的前期决策阶段建立
   B．在项目的初步设计阶段完善
   C．在项目的进展过程中逐步形成
   D．在项目的准备阶段建立

30. 建设项目设计方进度控制的任务是依据（　　）对设计工作进度的要求，控制设计工作进度。
   A．设计任务委托合同
   B．可行性研究报告
   C．设计大纲
   D．设计总进度纲要

31. 某双代号网络图如下图所示，正确的是（　　）。

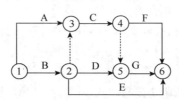

   A．工作C、D应同时完成
   B．工作B的紧后工作只有工作C、D
   C．工作C、D完成后即可进行工作G
   D．工作D完成后即可进行工作F

32. 某工程网络计划中，工作M的持续时间为4天，工作M的三项紧后工作的最迟开始时间分别为第21天、第18天和第15天，则工作M的最迟开始时间是第（　　）天。
   A．11
   B．14
   C．15
   D．17

33. 在工程网络计划中，某项工作的最早完成时间与其紧后工作的最早开始时间之间的差值称为这两项工作之间的（　　）。
   A．时间间隔
   B．间歇时间
   C．时差
   D．时距

34. 在工程网络计划中，当计划工期等于计算工期时，关键工作的判定条件是（　　）。
   A．该工作的总时差为零
   B．该工作的持续时间最长
   C．该工作的自由时差最小
   D．该工作与其紧后工作之间的时间间隔为零

35. 在进度控制中，缺乏动态控制观念的表现是（　　）。
   A．不重视进度计划的比选
   B．不重视进度计划的调整
   C．不注意分析影响进度的风险
   D．同一项目不同进度计划之间的关联性不够

36. 下列影响施工质量的环境因素中,属于管理环境因素的是（　　）。
    A．项目现场施工组织系统　　　　　　B．项目所在地建筑市场规范程度
    C．项目所在地政府的工程质量监督　　D．项目咨询公司的服务水平

37. 项目施工质量保证体系须有明确的质量目标,并符合项目质量总目标的要求；要以（　　）为基本依据,逐级分解目标以形成在合同环境下的各级质量目标。
    A．工程承包合同　　　　　　B．施工组织设计
    C．施工质量计划　　　　　　D．施工资源需求计划

38. 施工企业质量管理体系文件中,在实施和保持质量体系过程中应长期遵循的纲领性文件是（　　）。
    A．质量手册　　　　　　B．程序文件
    C．质量计划　　　　　　D．质量记录

39. 下列施工质量控制依据中,属于专用性依据的是（　　）。
    A．工程建设项目质量检验评定标准　　B．建设工程质量管理条例
    C．设计交底及图纸会审记录　　　　　D．材料验收的技术标准

40. 对进入施工现场的钢筋取样后进行力学性能检测,属于施工质量控制方法中的（　　）。
    A．目测法　　　　　　B．实测法
    C．试验法　　　　　　D．无损检验法

41. 施工过程的质量控制应当以（　　）质量控制为基础和核心。
    A．特殊施工过程　　　　B．工序
    C．分部工程　　　　　　D．分项工程

42. 分项工程质量验收合格的条件是（　　）。
    A．主控项目全部合格,一般项目合格率为80%
    B．主控项目全部合格,一般项目经抽样检验合格
    C．所含的检验批质量均验收合格,且其验收资料齐全完整
    D．所含的检验批质量均验收合格,且其观感质量符合要求

43. 根据事故造成损失的程度,下列工程质量事故中,属于一般事故的是（　　）。
    A．造成1亿元以上直接经济损失的事故
    B．造成1000万元以上5000万元以下直接经济损失的事故
    C．造成100万元以上1000万元以下直接经济损失的事故
    D．造成5000万元以上1亿元以下直接经济损失的事故

44. 某工程混凝土浇筑过程中,因工人直接浇筑高度超出施工方案要求造成质量事故,该事故按照事故责任分类属于（　　）。
    A．指导责任事故　　　　B．管理责任事故
    C．操作责任事故　　　　D．技术责任事故

45. 关于施工单位质量事故预防措施的说法,错误的是（　　）。
    A．控制建筑材料及制品的质量　　B．加强施工安全与环境管理
    C．对施工图进行审查复核　　　　D．强化从业人员管理

46. 某工程的混凝土构件尺寸偏差不符合验收规范要求,经原设计单位验算,得出的结论是该构件能够满足结构安全和使用功能要求,则该混凝土构件的处理方式是（　　）。
    A．返工处理　　　　　　B．不作处理
    C．试验检测　　　　　　D．限制使用

47. 建设工程政府质量监督机构履行质量监督职责时，可以采取的措施是（ ）。
    A．暂时扣押被检查单位的固定资产
    B．发现有影响工程质量的问题时，责令改正
    C．吊销被检查单位的资质证书
    D．对被检查单位负责人进行处罚

48. 在领取施工许可证或者开工报告前，按照国家有关规定，办理工程质量监督手续的是（ ）。
    A．监理单位   B．设计单位
    C．建设单位   D．施工单位

49. 在组织的管理体系中，环境管理体系（ ）。
    A．应在组织整个管理体系之外独立存在
    B．不必成为独立的管理系统，应纳入组织整个管理体系中
    C．应融入组织的质量和职业健康安全管理体系中
    D．应在组织的整个管理体系之上，作为其他管理体系的基础

50. 关于职业健康安全与环境管理体系内部审核的说法，正确的是（ ）。
    A．内部审核是对相关的法律的执行情况进行评价
    B．内部审核是管理体系自我保证和自我监督的一种机制
    C．内部审核是最高管理者对管理体系的系统评价
    D．内部审核是管理体系接受政府监督的一种机制

51. "对现有有效文件进行整理编号，方便查询索引"的活动，属于职业健康安全管理体系运行中的（ ）活动。
    A．信息交流   B．执行控制程序
    C．文件管理   D．预防措施

52. 关于安全生产教育培训的说法，正确的是（ ）。
    A．企业新员工按规定经过三级安全教育和实际操作训练后即可上岗
    B．项目级安全教育由企业安全生产管理部门负责人组织实施、安全员协助
    C．班组级安全教育由项目负责人组织实施、安全员协助
    D．企业安全教育培训包括对管理人员、特种作业人员和企业员工的安全教育

53. 建筑施工企业安全生产管理工作中，（ ）是清除隐患、防止事故、改善劳动条件的重要手段。
    A．安全监察制度   B．伤亡事故报告处理制度
    C."三同时"制度   D．安全检查制度

54. 某工程施工期间，安全人员发现作业区内有一处电缆井盖遗失，随即在现场设置防护栏及警示牌、并设照明及夜间警示红灯。这是建设安全事故隐患处理中（ ）原则的具体体现。
    A．动态处理   B．冗余安全度处理
    C．单项隐患综合处理   D．直接隐患与间接隐患并治

55. 根据《生产安全事故报告和调查处理条例》，下列安全事故中，属于重大事故的是（ ）。
    A．3人死亡，10人重伤，直接经济损失2000万元
    B．12人死亡，直接经济损失960万元

C．36人死亡，50人重伤，直接经济损失6000万元
D．2人死亡，100人重伤，直接经济损失1.2亿元

56．施工现场文明施工管理组织的第一责任人是（　　）。
　　A．项目经理　　　　　　　　　　　B．总监理工程师
　　C．业主代表　　　　　　　　　　　D．项目总工程师

57．关于施工平行承发包模式下合同管理的说法，错误的是（　　）。
　　A．业主要负责所有施工承包合同的招标、合同谈判、签约，招标工作量大
　　B．业主在每个合同中都会有相应的责任和义务
　　C．业主要负责对多个施工承包合同的跟踪管理，合同管理工作量较大
　　D．业主只需要一次招标，合同管理量较小

58．与施工总承包模式相比，施工总承包管理模式在合同价格方面的特点是（　　）。
　　A．合同总价一次性确定，对业主投资控制有利
　　B．施工总承包管理合同中确定总承包管理费和建筑安装工程造价
　　C．所有分包工程都需要再次进行发包，不利于业主节约投资
　　D．不赚总包与分包之间的差价

59．根据《标准施工招标文件》，关于暂停施工的说法，正确的是（　　）。
　　A．由于发包人原因引起的暂停施工，承包人有权要求延长工期和（或）增加费用，但不得要求补偿利润
　　B．发包人原因造成暂停施工，承包人可不负责暂停施工期间工程的保护
　　C．因发包人原因发生暂停施工的紧急情况时，承包人可以先暂停施工，并及时向监理人提出暂停施工的书面请求
　　D．施工中出现一些意外需要暂停施工的，所有责任由发包人承担

60．根据《标准施工招标文件》，对于监理人未能按照约定的时间进行检验且无其他指示的工程隐蔽部位，承包人自己进行了隐蔽，此后，经剥开重新检验证明其质量是符合施工合同要求的，由此增加的费用和延误的工期应由（　　）承担。
　　A．承包人　　　　　　　　　　　　B．发包人
　　C．发包人和承包人共同　　　　　　D．监理人

61．关于施工专业分包合同的说法，正确的是（　　）。
　　A．分包人须服从由发包人直接发出的与分包工程有关的指令
　　B．承包人要求分包人采取特殊措施保护所增加的费用，由分包人负责
　　C．分包合同价款与总包合同相应部分价款属于连带关系
　　D．分包合同约定的工程变更调整的合同价款应与工程进度款同期调整支付

62．建筑材料采购合同中应明确结算的（　　）。
　　A．地点、时间和人员　　　　　　　B．时间、方式和人员
　　C．地点、人员和手续　　　　　　　D．时间、方式和手续

63．采用固定总价合同，承包商需承担一定风险，下列风险中，属于承包商价格风险的是（　　）。
　　A．设计深度不够造成的误差　　　　B．工程量计算错误
　　C．工程范围不确定　　　　　　　　D．漏报计价项目

64．下列施工合同跟踪的对象中，属于对业主跟踪的是（　　）。
　　A．工程进度　　　　　　　　　　　B．场地、图纸的提供

C．施工的质量 D．分包人失误

65．下列合同实施偏差的调整措施中，属于组织措施的是（ ）。
A．签订附加协议 B．变更技术方案
C．调整工作流程 D．增加投入

66．根据合同风险产生的原因分类，属于合同工程风险的是（ ）。
A．偷工减料 B．以次充好
C．非法分包 D．不利的地质条件变化

67．我国建设工程常用的担保方式中，担保金额最大的是（ ）。
A．投标担保 B．履约担保
C．保修担保 D．付款担保

68．某工程的合同总额为800万元，则发包人合理的支付担保额是（ ）万元。
A．800 B．160
C．500 D．250

69．工程管理信息化有利于提高建设工程项目的经济效益和社会效益，以达到（ ）的目的。
A．为项目建设增值 B．实现项目建设目标
C．实现项目管理目标 D．提高项目建设综合质量

70．下列关于归档施工文件的说法，不符合归档文件质量要求的是（ ）。
A．工程文件的内容及其深度必须符合国家有关的技术规范、标准和规程
B．归档文件用原件和复印件均可，如果是复印件但必须加盖单位印章
C．竣工图可以利用施工图改绘
D．工程文件使用碳素墨水书写

二、**多项选择题**（共25题，每题2分。每题的备选项中，有2个或2个以上符合题意，至少有1个错项。错选，本题不得分；少选，所选的每个选项得0.5分）

71．设计方项目管理的任务包括（ ）。
A．与设计工作有关的安全管理 B．设计进度控制
C．项目的投资管理 D．施工成本控制
E．设计质量控制

72．下列项目目标动态控制的纠偏措施中，属于技术措施的是（ ）。
A．选用高效的施工机具 B．调整项目管理职能分工
C．改变控制的方法和手段 D．优化项目管理任务分工
E．改变施工方法

73．根据《建设工程施工合同（示范文本）》GF—2017—0201，施工单位任命项目经理需要向建设单位提供（ ）证明。
A．劳动合同 B．缴纳的社会保险
C．项目经理持有的注册执业证书 D．职称证书
E．授权范围

74．下列风险管理工作，属于风险评估阶段的有（ ）。
A．确定风险因素 B．分析各种风险因素发生的概率
C．分析各种风险的损失量 D．确定各种风险的风险量
E．确定风险对策

75. 根据《建筑安装工程费用项目组成》，属于建筑安装工程措施项目费的有（　　）。
    A．大型机械设备进出场及安拆费　　B．构成工程实体的材料费
    C．建筑工人实名制管理费　　D．工程定位复测费
    E．施工现场办公费

76. 根据《建设工程施工合同（示范文本）》GF—2017—0201，下列因不可抗力事件导致的损失或增加的费用中，应由承包人承担的有（　　）。
    A．停工期间承包人按照发包人要求照管工程的费用
    B．因工程损坏造成的第三方人员伤亡和财产损失
    C．合同工程本身的损坏
    D．承包人施工设备的损坏
    E．承包人的人员伤亡和财产损失

77. 下列施工成本管理的措施中，属于组织措施的有（　　）。
    A．选用合适的分包项目合同结构
    B．确定合理的施工成本控制工作流程
    C．确定合适的施工机械、设备使用方案
    D．对施工成本管理目标进行风险分析，并制定防范性对策
    E．实行项目经理责任制，落实成本管理的组织机构和人员

78. 按施工进度编制施工成本计划时，若所有工作均按照最早开始时间安排，则对项目目标控制的影响有（　　）。
    A．工程质量会更好　　B．有利于降低投资
    C．工程按期竣工的保证率较高　　D．不能保证工程质量
    E．不利于节约资金贷款利息

79. 关于分部分项工程成本分析的说法，正确的有（　　）。
    A．必须对施工项目的所有分部分项工程进行成本分析
    B．主要分部分项工程要做到从开工到竣工进行系统的成本分析
    C．分部分项工程成本分析是定期的中间成本分析
    D．分部分项工程成本分析是施工项目成本分析的基础
    E．分部分项工程成本分析的对象为已完分部分项工程

80. 下列关于施工方编制建设工程项目施工进度计划的说法，正确的有（　　）。
    A．施工条件和资源利用的可行性是编制项目施工进度计划的重要依据
    B．编制项目施工进度计划属于工程项目管理的范畴
    C．项目施工进度计划应符合施工企业施工生产计划的总体安排
    D．项目施工进度计划安排应考虑监理机构人员的进场计划
    E．在安排一个小型项目的施工进度时，只需编制施工总进度方案

81. 关于工作的总时差、自由时差及相邻两工作间隔时间关系的说法，正确的有（　　）。
    A．工作的自由时差一定不超过其紧后工作的总时差
    B．工作的自由时差一定不超过其相应的总时差
    C．工作的总时差一定不超过其紧后工作的自由时差
    D．工作的自由时差一定不超过其紧后工作之间的间隔时间
    E．工作的总时差一定不超过其紧后工作之间的间隔时间

82. 工程网络计划工期优化过程中,在选择缩短持续时间的关键工作时应考虑的因素有（   ）。
    A．持续时间最长的工作
    B．缩短持续时间对质量和安全影响不大的工作
    C．缩短持续时间所需增加的费用最少的工作
    D．缩短持续时间对综合效益影响不大的工作
    E．有充足备用资源的工作

83. 施工进度计划的调整内容包括（   ）。
    A．调整工程量
    B．调整工作起止时间
    C．调整工作关系
    D．调整项目质量标准
    E．调整工程计划造价

84. 在影响工程质量的诸多因素中,环境因素对工程质量的影响,具有复杂多变和不确定性的特点。下列因素属于工程作业环境条件的有（   ）。
    A．防护设施
    B．水文、气象
    C．施工现场交通运输条件
    D．组织管理体系
    E．通风、照明

85. 下列施工现场质量检查的内容中,属于"三检"制度范围的有（   ）。
    A．自检自查
    B．巡视检查
    C．互检互查
    D．平行检查
    E．专职管理人员的质量检查

86. 按事故责任分类,工程质量事故可分为（   ）。
    A．指导责任事故
    B．管理责任事故
    C．技术责任事故
    D．操作责任事故
    E．自然灾害事故

87. 关于工程施工质量事故处理基本要求的说法,正确的有（   ）。
    A．确保技术先进、经济合理
    B．消除造成事故的原因
    C．正确确定技术处理的范围
    D．加强事故处理的检查验收工作
    E．确保事故处理期间的安全

88. 关于建设工程对施工职业健康安全管理的要求,说法正确的有（   ）。
    A．工程设计阶段,设计单位应制定职业健康安全生产技术措施计划
    B．工程施工阶段,施工企业应制定职业健康安全生产技术措施计划
    C．坚持安全第一、预防为主和防治结合的方针
    D．实行总承包的建设工程,由总承包单位对施工现场的安全生产负总责
    E．实行总承包的建设工程,分包单位应当接受总承包单位的安全生产管理

89. 下列风险控制方法中,适用于第二类风险源控制的有（   ）。
    A．个体防护
    B．消除或减少故障
    C．设置安全监控系统
    D．改善作业环境
    E．消除危险源、限制能量

90. 施工生产安全事故处理的原则有（   ）。
    A．事故原因未查清不放过
    B．事故单位未受到处理不放过

C．事故责任人未受到处理不放过　　　　D．事故整改措施未落实不放过
E．事故有关人员未受到教育不放过

91. 关于建设工程现场文明施工措施的说法，正确的有（　　）。
   A．食堂可以使用食用塑料制品作熟食容器
   B．施工现场主要场地应硬化
   C．一般工地围挡高度不得低于1.6m
   D．建筑垃圾和生活垃圾集中一起堆放，并及时清运
   E．施工现场应设置排水系统，不允许有积水存在

92. 根据《标准施工招标文件》，发包人的责任与义务包括（　　）。
   A．办理取得出入施工场地的专用和临时道路的通行权，并承担有关费用
   B．提供施工场地内地下管线和地下设施等有关资料
   C．组织设计单位向承包人进行设计交底
   D．按约定向承包人及时支付合同价款
   E．按照承包人实际需要的数量免费提供图纸

93. 当建设工程施工承包合同的计价方式采用变动单价时，合同中可以约定合同单价调整的情况有（　　）。
   A．工程量发生比较大的变化　　　　B．承包商自身成本发生比较大的变化
   C．业主资金不到位　　　　　　　　D．通货膨胀达到一定水平
   E．国家相关政策发生变化

94. 对业主而言，成本加酬金合同的优点有（　　）。
   A．便于对工程计划进行合理安排
   B．通过确定最大保证价格约束工程成本不超过某一限值
   C．可以减少承包商的对立情绪
   D．可以通过分段施工缩短工期
   E．可以利用承包商的施工技术专家，帮助弥补设计中的不足

95. 下列施工合同风险中，属于管理风险的有（　　）。
   A．业主改变设计方案　　　　　　　B．对环境调查和预测的风险
   C．投标策略错误　　　　　　　　　D．合同所依据环境的变化
   E．自然环境的变化

考前第 2 套卷参考答案及解析

一、单项选择题

1. A	2. B	3. A	4. D	5. D
6. C	7. A	8. A	9. D	10. A
11. B	12. C	13. C	14. A	15. D
16. B	17. D	18. C	19. D	20. B
21. A	22. B	23. C	24. D	25. D
26. C	27. B	28. B	29. C	30. A
31. C	32. A	33. A	34. C	35. B
36. A	37. A	38. A	39. A	40. C
41. B	42. C	43. C	44. C	45. C
46. B	47. B	48. C	49. B	50. B
51. C	52. D	53. A	54. C	55. C
56. A	57. C	58. D	59. C	60. A
61. D	62. D	63. D	64. C	65. C
66. D	67. B	68. B	69. A	70. B

【解析】

1. A。进度目标指的是项目动用的时间目标，也即项目交付使用的时间目标。

2. B。在线性组织结构中，每一个工作部门只能对其直接的下属部门下达工作指令，每一个工作部门也只有一个直接的上级部门。因此，每一个工作部门只有唯一的指令源，避免了由于矛盾的指令而影响组织系统的运行。

3. A。项目结构图是一个组织工具，它通过树状图的方式对一个项目的结构进行逐层分解，以反映组成该项目的所有工作任务。

4. D。组织结构模式反映了一个组织系统中各子系统之间或各组织元素之间的指令关系。故 A 选项错误。工作流程组织反映一个组织系统中各项工作之间的逻辑关系。故 B 选项错误。组织分工反映了一个组织系统中各子系统或各组织元素的工作任务分工和管理职能分工。故 C 选项错误。组织结构模式和组织分工都是一种相对静态的组织关系。故 D 选项正确。

5. D。分部（分项）工程施工组织设计[也称为分部（分项）工程作业设计，或称分部（分项）工程施工设计]是针对某些特别重要的、技术复杂的，或采用新工艺、新技术施工的分部（分项）工程，如深基础、无粘结预应力混凝土、特大构件的吊装、大量土石方工程、定向爆破工程等为对象编制的。

6. C。项目目标动态控制的核心是，在项目实施的过程中定期地进行项目目标的计划值和实际值的比较，当发现项目目标偏离时采取纠偏措施。

7. A。施工成本的计划值和实际值的比较包括：（1）工程合同价与投标价中的相应成本项的比较；（2）工程合同价与施工成本规划中的相应成本项的比较；（3）施工成本规划与实际施工成本中的相应成本项的比较；（4）工程合同价与实际施工成本中的相应成本项的比较；（5）工程合同价与工程款支付中的相应成本项的比较等。施工成本的计划值和实际值也是相对的，如：相对于工程合同价而言，施工成本规划的成本值是实际值；而相对于实际施工成本，则施工成本规划的成本值是计划值等。

8. A。项目经理的管理权力包括：（1）组织项目管理班子；（2）以企业法定代表人的代表身份处理与所承担的工程项目有关的外部关系，受托签署有关合同；（3）指挥工程项目建设的生产经营活动，调配并管理进入工程项目的人力、资金、物资、机械设备等生产要素；（4）选择施工作业队伍；（5）进行合理的经济分配；（6）企业法定代表人授予的其他管理权力。

9. D。组织风险包括：（1）承包商管理人员和一般技工的知识、经验和能力；（2）施工机械操作人员的知识、经验和能力；（3）损失控制和安全管理人员的知识、经验和能力等。

10. A。根据《建设工程质量管理条例》，监理工程师应当按照工程监理规范的要求，采取旁站、巡视和平行检验等形式，对建设工程实施监理。

11. B。材料原价：是指材料、工程设备的出厂价格或商家供应价格。运杂费：是指材料、工程设备自来源地运至工地仓库或指定堆放地点所发生的全部费用。运输损耗费：是指材料在运输装卸过程中不可避免的损耗。采购及保管费：是指为组织采购、供应和保管材料、工程设备的过程中所需要的各项费用。包括采购费、仓储费、工地保管费、仓储损耗。A选项属于企业管理，C、D选项属于施工机具使用费。

12. C。建筑安装工程费按照工程造价形成由分部分项工程费、措施项目费、其他项目费、规费、税金组成。分部分项工程费、措施项目费、其他项目费包含人工费、材料费、施工机具使用费、企业管理费和利润。

13. C。施工机械台班产量定额=机械净工作生产率×工作班延续时间×机械利用系数=60÷2×0.5×8×0.85=102m³/台班。

14. A。招标文件中的工程量清单标明的工程量是招标人编制最高投标限价和投标人投标报价的共同基础，它是工程量清单编制人按施工图图示尺寸和工程量清单计算规则计算得到的工程净量。

15. D。A选项错误，即便一个清单项目对应一个定额子目，也可能由于清单工程量计算规则与所采用的定额工程量计算规则之间的差异，而导致二者的计价单位和计算出来的工程量不一致。B选项错误，由于一个清单项目可能对应几个定额子目，而清单工程量计算的是主项工程量，与各定额子目的工程量可能并不一致。C选项错误，清单工程量不能直接用于计价，在计价时必须考虑施工方案等各种影响因素，根据所采用的计价定额及相应的工程量计算规则重新计算各定额子目的施工工程量。

16. B。在招标投标过程中，若出现工程量清单特征描述与设计图纸不符，投标人应以招标工程量清单的项目特征描述为准。

17. D。工程计量方法有：均摊法、凭证法、估价法、断面法、图纸法、分解计量法。图纸法：在工程量清单中，许多项目都采取按照设计图纸所示的尺寸进行计量。如混凝土构筑物的体积、钻孔桩的桩长等。

18. C。当工程量增加15%以上时，增加部分的工程量的综合单价应予调低；当工程量减少15%以上时，减少后剩余部分的工程量的综合单价应予调高。

19. D。招标人应当依据相关工程的工期定额合理计算工期，压缩的工期天数不得超过定额工期的20%，超过者，应在招标文件中明示增加赶工费用。

20. B。安全文明施工费按照实际发生变化的措施项目调整，不得浮动。采用单价计算的措施项目费，按照实际发生变化的措施项目及已标价工程量清单项目的规定确定单价。按总价（或系数）计算的措施项目费，按照实际发生变化的措施项目调整，但应考虑承包人报价浮动因素。

21. A。B、C选项可以索赔工期、费用和利润。D选项可以索赔工期。

22. B。按《建设工程施工合同（示范文本）》GF—2017—0201，预付款的支付按照专用合同条款约定执行，但至迟应在开工通知载明的开工日期7天前支付。预付款应当用于材料、工程设备、施工设备的采购及修建临时工程、组织施工队伍进场等。

23. C。计日工费应按发包人实际签证确认的事项计算。故A选项错误。措施项目中的总价项目应依据已标价工程量清单的项目和金额计算；发生调整的，应以发承包双方确认调整的金额计算，其中安全文明施工费应按国家或省级、行业建设主管部门的规定计算。故C选项正确。总承包服务费应依据已标价工程量清单的金额计算；发生调整的，应以发承包双方确认调整的金额计算。故B选项错误。现场签证费用应依据发承包双方签证资料确认的金额计算。故D选项错误。

24. D。竣工工程完全成本应由企业财务部门进行核算分析。故A选项错误。施工成本核算一般以单位工程为对象，但也可以按照承包工程项目的规模、工期、结构类型、施工组织和施工现场等情况，结合成本管理要求，灵活划分成本核算对象。故B选项错误。施工成本核算包括两个基本环节。故C选项错误。

25. D。施工图预算的编制以预算定额为主要依据。故A选项错误。施工预算的编制以施工定额为主要依据。故B选项错误。施工预算是施工企业内部管理用的一种文件，与发包人无直接关系。施工图预算既适用于发包人，又适用于承包人。故C选项错误、D选项正确。

26. C。已完工作预算费用（BCWP）=已完成工作量×预算单价=2800×15=42000元。

27. B。根据《企业会计准则第15号——建造合同》，工程成本包括从建造合同签订开始至合同完成止所发生的、与执行合同有关的直接费用和间接费用。

28. B。竣工成本的综合分析可以全面了解单位工程的成本构成和降低成本的来源。对今后同类工程的成本管理提供参考。

29. C。建设工程项目进度计划系统是由多个相互关联的进度计划组成的系统，它是项目进度控制的依据。各种进度计划编制所需要的必要资料是在项目进展过程中逐步形成的。

30. A。设计方进度控制的任务是依据设计任务委托合同对设计工作进度的要求控制设计工作进度，这是设计方履行合同的义务。

31. C。工作C、D为平行工作，不一定要同时完成。故A选项错误。工作B的紧后工作有工作C、D、E。故B选项错误。工作C、D为工作G的紧前工作，当两项工作均完成后即可进行工作G。故C选项正确。工作D完成后即可进行工作G。故D选项错误。

32. A。工作的最迟完成时间应等于其紧后工作最迟开始时间的最小值，则工作M的最迟完成时间=min{21, 18, 15}=15；工作的最迟开始时间等于工作的最迟完成时间减去工作的持续时间，即工作 M 的最迟开始时间=15-4=11。

33. A。相邻两项工作之间的时间间隔是指本工作的最早完成时间与其紧后工作最早开始时间之间的差值。

34. A。关键工作的判定条件有：（1）当网络计划的计划工期与计算工期相同时，总时差为零的工作是关键工作；（2）当网络计划的计划工期与计算工期相同时，最迟开始时间与最早开始时间的差值为零的工作就是关键工作。

35. B。建设工程项目进度控制在管理观念方面存在的主要问题是：（1）缺乏进度计划系统的观念——分别编制各种独立而互不联系的计划，形成不了计划系统。（2）缺乏动态控制的观念——只重视计划的编制，而不重视及地进行计划的动态调整。（3）缺乏进度计划多方案比较和选优的观念——合理的进度计划应体现资源的合理使用、工作的合理安排、有利于提高建设质量、有利于文明施工和有利合理地短建设周期。

36. A。施工质量管理环境因素主要指施工单位质量管理体系、质量管理制度和各参建施工单位之间的协调等因素。根据承发包的合同结构，理顺管理关系，建立统一的现场施工组织系统和质量管理的综合运行机制，确保工程项目质量保证体系处于良好的状态，创造良好的质量管理环境和氛围，是施工顺利进行，提高施工质量的保证。

37. A。项目施工质量保证体系须有明确的质量目标，并符合项目质量总目标的要求；要以工程承包合同为基本依据，逐级分解目标以形成在合同环境下的各级质量目标。

38. A。质量手册是质量管理体系的规范，是阐明一个企业的质量政策、质量体系和质量实践的文件，是实施和保持质量体系过程中长期遵循的纲领性文件。

39. C。项目专用性依据指本项目的工程建设合同、勘察设计文件、设计交底及图纸会审记录、设计修改和技术变更通知，以及相关会议记录和工程联系单等。

40. C。工程中常用的理化试验包括物理力学性能方面的检验和化学成分及其含量的测定等两个方面。力学性能的检验如各种力学指标的测定，包括抗拉强度、抗压强度、抗弯强度、抗折强度、冲击韧性、硬度、承载力等。

41. B。对施工过程的质量控制，必须以工序质量控制为基础和核心。

42. C。分项工程质量验收合格应符合下列规定：（1）所含检验批的质量均应验收合格。（2）所含检验批的质量验收记录应完整。

43. C。一般事故，是指造成 3 人以下死亡，或者 10 人以下重伤，或者 100 万元以上 1000 万元以下直接经济损失的事故。

44. C。操作责任事故是指在施工过程中，由于实施操作者不按规程和标准实施操作，而造成的质量事故。

45. C。施工质量事故预防措施包括：（1）严格依法进行施工组织管理；（2）严格按基本建设程序办事；（3）认真做好工程地质勘察；（4）科学地加固处理好地基；（5）进行必要的设计审查复核；（6）严格把好建筑材料及制品的质量关；（7）强化从业人员管理；（8）加强施工过程的管理；（9）做好应对不利施工条件和各种灾害的预案；（10）加强施工安全与环境管理。

46. B。一般可不作专门处理的情况有以下几种：（1）不影响结构安全、生产工艺和使用要求的质量缺陷。（2）后道工序可以弥补的质量缺陷。（3）法定检测单位鉴定合格的工程。（4）出现质量缺陷的工程，经检测鉴定达不到设计要求，但经原设计单位核算，仍能满足结构安全和使用功能的。

47. B。政府建设行政主管部门实施监督检查时，有权采取下列措施：（1）要求被检查的单位提供有关工程质量的文件和资料。（2）进入被检查单位的施工现场进行检查。（3）发现有影响工程质量的问题时，责令改正。

48. C。在工程项目开工前，监督机构受理建设单位有关建设工程质量监督的申报手续，并对建设单位提供的有关文件进行审查。审查合格签发有关质量监督文件。工程质量监督手续可以与施工许可证或者开工报告合并办理。

49. B。环境管理体系标准的应用原则：（1）标准的实施强调自愿性原则，并不改变组织的法律责任。（2）有效的环境管理需建立并实施结构化的管理体系。（3）标准着眼于采用系统的管理措施。（4）环境管理体系不必成为独立的管理系统，而应纳入组织整个管理体系中。（5）实施环境管理体系标准的关键是坚持持续改进和环境污染预防。（6）有效地实施环境管理体系标准，必须有组织最高管理者的承诺和责任以及全员的参与。

50. B。内部审核是施工企业对其自身的管理体系进行的审核，是对体系是否正常进行以及是否达到了规定的目标所作的独立的检查和评价，是管理体系自我保证和自我监督的一种机制。

51. C。文件管理包括对现有有效文件进行整理编号，方便查询索引；对适用的规范、规程等行业标准应及时购买补充，对适用的表格要及时发放；对在内容上有抵触的文件和过期的文件要及时作废并妥善处理。

52. D。企业新员工上岗前必须进行三级安全教育，企业新员工须按规定通过三级安全教育和实际操作训练，并经考核合格后方可上岗。故A选项错误。项目级安全教育，由项目级负责人组织实施，专职或兼职安全员协助。故B选项错误。班组级安全教育由班组长组织实施。故C选项错误。

53. D。安全检查制度是清除隐患、防止事故、改善劳动条件的重要手段，是企业安全生产管理工作的一项重要内容。

54. B。冗余安全度处理原则，即为确保安全，在治理事故隐患时应考虑设置多道防线，即使发生有一两道防线无效，还有冗余的防线可以控制事故隐患。如：道路上有一个坑，既要设防护栏及警示牌，又要设照明及夜间警示红灯。

55. B。按事故造成的人员伤亡或者直接经济损失分类见下表：

事故等级	造成死亡人数	造成重伤（包括急性工业中毒）人数	造成直接经济损失
特别重大事故	30人以上	100人以上	1亿元以上
重大事故	10人以上30人以下	50人以上100人以下	5000万元以上1亿元以下
较大事故	3人以上10人以下	10人以上50人以下	1000万元以上5000万元以下
一般事故	3人以下死亡	10人以下	100万元以上1000万元以下

每一事故等级所对应的3个条件是独立成立的，只要符合其中一条就可以判定。该等级标准中所称的"以上"包括本数，所称的"以下"不包括本数。

56. A。建设工程现场文明施工应建立文明施工的管理组织，确立项目经理为现场文明施工的第一责任人，并健全文明施工的管理制度。

57. D。施工平行承发包模式下合同管理的特点：（1）业主要负责所有施工承包合同的招标、合同谈判、签约，招标工作量大，对业主不利；（2）业主在每个合同中都会有相应的责任和义务，签订的合同越多，业主的责任和义务就越多；（3）业主要负责对多个施工承包合同的跟踪管理，合同管理工作量较大。

58. D。施工总承包管理合同中一般只确定施工总承包管理费，而不需要确定建筑安装工程造价。施工总承包管理模式与施工总承包模式相比在合同价方面有以下优点：（1）合同总价不是一次确定，某一部分施工图设计完成以后，再进行该部分施工招标，确定该部分合同价，因此整个建设项目的合同总额的确定较有依据；（2）所有分包和分供货合同的发包，都通过招标获得有竞争力的投标报价，对业主方节约投资有利；（3）施工总承包管理单位只收取总包管理费，不赚总包与分包之间的差价。

59. C。监理人认为有必要时，可向承包人作出暂停施工的指示，承包人应按监理人指示暂停施工。不论由于何种原因引起的暂停施工，暂停施工期间承包人应负责妥善保护工程并提供安全保障。由于发包人的原因发生暂停施工的紧急情况，且监理人未及时下达暂停施工指示的，承包人可先暂停施工，并及时向监理人提出暂停施工的书面请求。监理人应在接到书面请求后的 24 小时内予以答复，逾期未答复的，视为同意承包人的暂停施工请求。

60. B。承包人按规定覆盖工程隐蔽部位后，监理人对质量有疑问的，可要求承包人对已覆盖的部位进行钻孔探测或揭开重新检验，承包人应遵照执行，并在检验后重新覆盖恢复原状。经检验证明工程质量符合合同要求的，由发包人承担由此增加的费用和（或）工期延误，并支付承包人合理利润；经检验证明工程质量不符合合同要求的，由此增加的费用和（或）工期延误由承包人承担。

61. D。分包人须服从承包人转发的发包人或工程师与分包工程有关的指令。故 A 选项错误。承包人要求分包人采取特殊措施保护的工程部位和相应的追加合同价款，双方在合同专用条款内约定。故 B 选项错误。分包合同价款与总包合同相应部分价款无任何连带关系，故 C 选项错误。

62. D。建筑材料采购合同中应明确结算的时间、方式和手续。

63. D。采用固定总价合同，承包商承担的风险主要有价格风险和工作量风险。价格风险有报价计算错误、漏报项目、物价和人工费上涨等。A、B、C 选项属于工作量风险。

64. B。A、C 选项属于承包的任务。业主是否及时、完整地提供了工程施工的实施条件，如场地、图纸、资料等属于对业主的跟踪。故 B 选项正确。分包人失误很明显属于对分包人的跟踪。故 D 选项错误。

65. C。组织措施包括增加人员投入，调整人员安排，调整工作流程和工作计划等。A 选项属于合同措施，B 选项属于技术措施，D 选项属于经济措施。

66. D。合同工程风险包括：工程进展过程中发生不利的地质条件变化、工程变更、物价上涨、不可抗力等。

67. B。所谓履约担保，是指招标人在招标文件中规定的要求中标的投标人提交的保证履行合同义务和责任的担保。这是工程担保中最重要也是担保金额最大的工程担保。

68. B。支付担保的额度为工程合同总额的 20%～25%。则发包人合理支付担保额为 160 万～200 万元。

69. A。工程管理信息化有利于提高建设工程项目的经济效益和社会效益，以达到为项目建设增值的目的。

70. B。B 选项不符合归档要求，归档的文件应为原件。

二、多项选择题

71. A、B、E 72. A、E 73. A、B 74. B、C、D 75. A、C、D
76. D、E 77. B、E 78. C、E 79. B、D、E 80. A、B、C
81. B、D 82. B、C、E 83. A、B、C 84. A、C、E 85. A、C、E
86. A、D、E 87. B、D、E 88. B、C、D、E 89. B、C、D 90. A、C、D、E
91. B、E 92. A、B、C、D 93. A、D、E 94. B、C、D、E 95. B、C

【解析】

71. A、B、E。设计方项目管理的任务包括：（1）与设计工作有关的安全管理；（2）设计成本控制和与设计工作有关的工程造价控制；（3）设计进度控制；（4）设计质量控制；（5）设计合同管理；（6）设计信息管理；（7）与设计工作有关的组织和协调。

72. A、E。技术措施是指分析由于技术（包括设计和施工的技术）的原因而影响项目目标实现的问题，并采取相应的措施，如调整设计、改进施工方法和改变施工机具等。

73. A、B。项目经理应是承包人正式聘用的员工，承包人应向发包人提交项目经理与承包人之间的劳动合同，以及承包人为项目经理缴纳社会保险的有效证明。

74. B、C、D。风险评估包括以下工作：（1）利用已有数据资料（主要是类似项目有关风险的历史资料）和相关专业方法分析各种风险因素发生的概率；（2）分析各种风险的损失量，包括可能发生的工期损失、费用损失，以及对工程的质量、功能和使用效果等方面的影响；（3）根据各种风险发生的概率和损失量，确定各种风险的风险量和风险等级。

75. A、C、D。措施项目费包括：安全文明施工费（环境保护费、文明施工费、安全施工费、临时设施费、建筑工人实名制管理费）；夜间施工增加费；二次搬运费；冬雨期施工增加费；已完工程及设备保护费；工程定位复测费；特殊地区施工增加费；大型机械设备进出场及安拆费；脚手架工程费。

76. D、E。不可抗力导致的人员伤亡、财产损失、费用增加和（或）工期延误等后果，由合同当事人按以下原则承担：（1）永久工程、已运至施工现场的材料和工程设备的损坏，以及因工程损坏造成的第三方人员伤亡和财产损失由发包人承担；（2）承包人施工设备的损坏由承包人承担；（3）发包人和承包人承担各自人员伤亡和财产的损失；（4）因不可抗力影响承包人履行合同约定的义务，已经引起或将引起工期延误的，应当顺延工期，由此导致承包人停工的费用损失由发包人和承包人合理分担，停工期间必须支付的工人工资由发包人承担；（5）因不可抗力引起或将引起工期延误，发包人要求赶工的，由此增加的赶工费用由发包人承担；（6）承包人在停工期间按照发包人要求照管、清理和修复工程的费用由发包人承担。A、B、C选项属于发包人承担的内容，D、E选项属于承包人承担的内容。

77. B、E。组织措施是从成本管理的组织方面采取的措施。如实行项目经理责任制，落实成本管理的组织机构和人员，明确各级成本管理人员的任务和职能分工、权力和责任，另一方面是编制成本控制工作计划、确定合理详细的工作流程。A选项属于合同措施，C选项属于技术措施，D选项属于经济措施。

78. C、E。一般而言，所有工作都按最迟开始时间开始，对节约资金贷款利息是有利的，但同时，也降低了项目按期竣工的保证率，因此项目经理必须合理地确定成本支出计划，达到既节约成本支出，又能控制项目工期的目的。

79. B、D、E。由于施工项目包括很多分部分项工程，无法也没有必要对每一个分部分项工程都进行成本分析。故 A 选项错误。对于那些主要分部分项工程必须进行成本分析，而且要做到从开工到竣工进行系统的成本分析。故 B 选项正确。分部分项工程成本分析是施工项目成本分析的基础。分部分项工程成本分析的对象为已完成分部分项工程。故 C 选项错误，D、E 选项正确。

80．A、B、C。建设工程项目施工进度计划，属工程项目管理的范畴。它以每个建设工程项目的施工为系统，依据企业的施工生产计划的总体安排和履行施工合同的要求，以及施工的条件[包括设计资料提供的条件、施工现场的条件、施工的组织条件、施工的技术条件和资源（主要指人力、物力和财力）条件等]和资源利用的可能性，合理安排一个项目施工的进度。故 A、B、C 选项正确，D 选项错误。小型项目只需编制施工总进度计划。故 E 选项错误。

81．B、D。A 选项错误，本工作的自由时差，与紧后工作的总时差没有必然的联系。C 选项错误，本工作的总时差等于本工作的自由时差加上后续工作的总时差，但是与紧后工作的自由时差是没有关联的。E 选项错误，与紧后工作的最小时间间隔是该工作的自由时差，总时差一定是大于等于自由时差的。

82．B、C、E。当计算工期不能满足要求工期时，可通过压缩关键工作的持续时间以满足工期要求。在选择缩短持续时间的关键工作时，宜考虑下述因素：（1）缩短持续时间对质量和安全影响不大的工作；（2）有充足备用资源的工作；（3）缩短持续时间所需增加的费用最少的工作等。

83．A、B、C。施工进度计划的调整应包括下列内容：（1）工程量的调整；（2）工作（工序）起止时间的调整；（3）工作关系的调整；（4）资源提供条件的调整；（5）必要目标的调整。

84．A、C、E。施工作业环境因素：主要指施工现场平面和空间环境条件，各种能源介质供应，施工照明、通风、安全防护设施，施工场地给水排水，以及交通运输和道路条件等因素。

85．A、C、E。对于重要的工序或对工程质量有重大影响的工序，应严格执行"三检"制度，即自检、互检、专检。未经监理工程师（或建设单位本项目技术负责人）检查认可，不得进行下道工序施工。

86．A、D、E。工程质量事故按事故责任分类，可分为指导责任事故、操作责任事故、自然灾害事故。

87．B、C、D、E。施工质量事故处理的基本要求：（1）质量事故的处理应达到安全可靠、不留隐患、满足生产和使用要求、施工方便、经济合理的目的；（2）重视消除造成事故的原因，注意综合治理；（3）正确确定技术处理的范围和正确选择处理的时间和方法；（4）加强事故处理的检查验收工作，认真复查事故处理的实际情况；（5）确保事故处理期间的安全。

88．B、C、D、E。A 选项错误，工程设计阶段，在工程设计阶段，设计单位应按照有关建设工程法律法规的规定和强制性标准的要求，进行安全保护设施的设计；对涉及施工安全的重点部分和环节在设计文件中应进行注明，并对防范生产安全事故提出指导意见，防止因设计考虑不周而导致生产安全事故的发生；对于采用新结构、新材料、新工艺的建设工程和特殊结构的建设工程，设计文件中提出保障施工作业人员安全和预防生产安全事故的措施和建议。

89. B、C、D。第二类风险源控制的方法包括：提高各类设施的可靠性以消除或减少故障、增加安全系数、设置安全监控系统、改善作业环境等。最重要的是加强员工的安全意识培训和教育，克服不良的操作习惯，严格按章办事，并在生产过程保持良好的生理和心理状态。A、E选项属于第一类风险源控制的方法。

90. A、D、E。施工安全生产事故处理的原则：（1）事故原因没有查清不放过；（2）事故责任人没有受到处理不放过；（3）整改措施没有落实不放过；（4）有关人员没有受到教育不放过。

91. B、E。禁止使用食用塑料制品作熟食容器。故A选项错误。沿工地四周连续设置围挡，市区主要路段和其他涉及市容景观路段的工地设置围挡的高度不低于2.5m，其他工地的围挡高度不低于1.8m。故选项C错误。建筑垃圾必须集中堆放并及时清运。故选项D错误。

92. A、B、C、D。发包人的责任：（1）除专用合同条款另有约定外，发包人应根据合同工程的施工需要，负责办理取得出入施工场地的专用和临时道路的通行权，以及取得为工程建设所需修建场外设施的权利，并承担有关费用。（2）发包人应在专用合同条款约定的期限内，通过监理人向承包人提供测量基准点、基准线和水准点及其书面资料。（3）发包人的施工安全责任。（4）治安保卫的责任。（5）工程施工过程中发生事故的，承包人应立即通知监理人，监理人应立即通知发包人。（6）发包人应将其持有的现场地质勘探资料、水文气象资料提供给承包人，并对其准确性负责。发包人的主要义务：（1）发出开工通知；（2）提供施工场地；（3）协助承包人办理证件和批件；（4）组织设计交底（组织设计单位向承包人进行设计交底）；（5）支付合同价款；（6）组织竣工验收。

93. A、D、E。当采用变动单价合同时，合同双方可以约定一个估计的工程量，当实际工程量发生较大变化时可以对单价进行调整，同时还应该约定如何对单价进行调整；当然也可以约定，当通货膨胀达到一定水平或者国家政策发生变化时，可以对哪些工程内容的单价进行调整以及如何调整等。

94. B、C、D、E。对业主而言，成本加酬金合同的优点包括：（1）可以通过分段施工缩短工期，而不必等待所有施工图完成才开始招标和施工；（2）可以减少承包商的对立情绪，承包商对工程变更和不可预见条件的反应会比较积极和快捷；（3）可以利用承包商的施工技术专家，帮助改进或弥补设计中的不足；（4）业主可以根据自身力量和需要，较深入地介入和控制工程施工和管理；（5）也可以通过确定最大保证价格约束工程成本不超过某一限值，从而转移一部分风险。

95. B、C。管理风险包括：（1）对环境调查和预测的风险。（2）合同条款不严密、错误、二义性，工程范围和标准存在不确定性。（3）承包商投标策略错误，错误地理解业主意图和招标文件，导致实施方案错误、报价失误等。（4）承包商的技术设计、施工方案、施工计划和组织措施存在缺陷和漏洞，计划不周。（5）实施控制过程中的风险。例如：合作伙伴争执、责任不明；缺乏有效措施保证进度、安全和质量要求；由于分包层次太多，造成计划执行和调整、实施的困难等。